はじめに

日本地図を眺めると、ある箇所がくびれていることに気が付く
伊勢湾と若狭湾を結ぶライン。太平洋と日本海が最も近い
ここにあるのが桑員 (桑名、員弁) 地域
多様な自然環境に恵まれるとともに、
交通の要所にもなる

ここに流れ出るのが、大河・木曽三川
恵みの水をもたらし、稲作、舟運として地域の発展を支える
一方、洪水として災いをも、もたらす

明治になり近代化へと歩み出す。富国強兵、舟運から鉄道へ

木曽三川下流域は底なし沼と同じ
木曽三川架橋は不可能と誰もが思う
これに果敢に挑む関西鉄道社長・白石直治（工学博士）
ついに明治28年、名古屋～桑名間が開通となる

一方、相変わらず荒れ狂う木曽三川
江戸時代、薩摩藩による宝暦治水。これまで成し得なかった三川分流
これを可能にしたのが、オランダ技師デ・レーケによる近代技術
明治33年三川分流をやり遂げる
これにより洪水被害が大幅に低減となる

人々の生活と産業活動の礎となるのが土木施設（インフラ）
そしてまた、人々に意識されないのが土木施設（インフラ）
『花を支える枝　枝を支える幹　幹を支える根　根はみえねんだ なぁ（相田みつを）』
そう、土木施設は根のようなもの

ところで、
大学で土木工学を学んだ３年間
橋梁会社で働いた２年間
県・土木技師として働いた35年間
これまで土木施設を見つめ、守り、創ってきた私にとって、
土木施設は、かけがえのない仲間達

新たな時代の扉が開かれた今、
近代夜明けの明治、躍進の昭和、明日を切り開く平成
この間に生まれた素晴らしき土木施設（なかまたち）をご覧ください！！

令和元年５月　　服部　喜幸

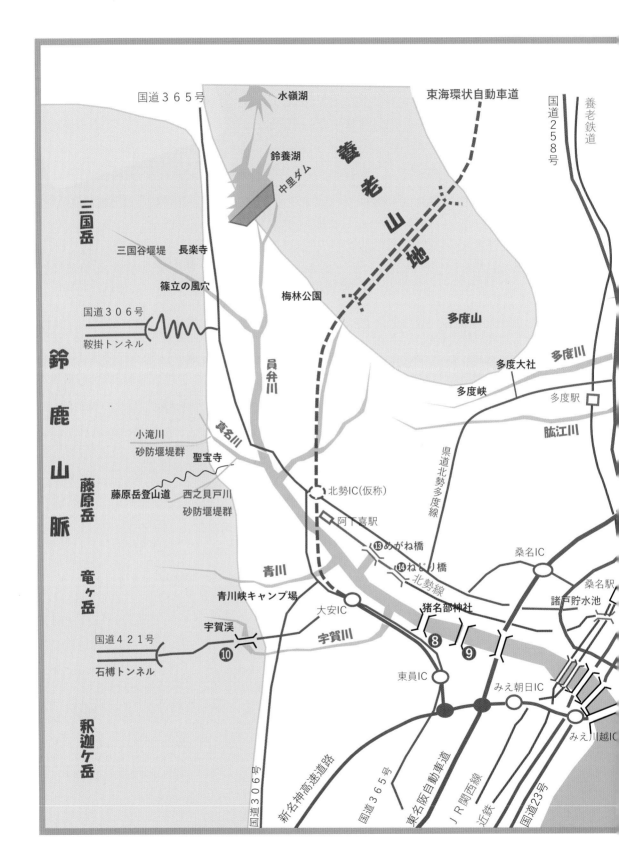

三国岳

鈴鹿山脈

藤原岳

竜ヶ岳

釈迦ヶ岳

三国谷堰堤　長楽寺

篠立の風穴

国道３０６号
鞍掛トンネル

小滝川
砂防堰堤群
聖宝寺
藤原岳登山道　西之貝戸川
砂防堰堤群

国道４２１号
石榑トンネル

宇賀渓
⑩

国道３６５号

水嶺湖

鈴養湖
中里ダム

養老山地

多度山

東海環状自動車道

国道２５８号

養老鉄道

員弁川

真名川

青川

青川峡キャンプ場

大安IC

宇賀川

多度大社

多度峡

多度川

肱江川

多度駅

県道北勢多度線

北勢IC(仮称)

阿下喜駅

⑬めがね橋
⑭ねじり橋
北勢線

猪名部神社

⑧

⑨

東員IC

桑名IC

桑名駅

諸戸貯水池

みえ朝日IC

みえ川越IC

新名神高速道路

国道３６５号

東名阪自動車道

ＪＲ関西線

近鉄

国道２３号

2

位置図

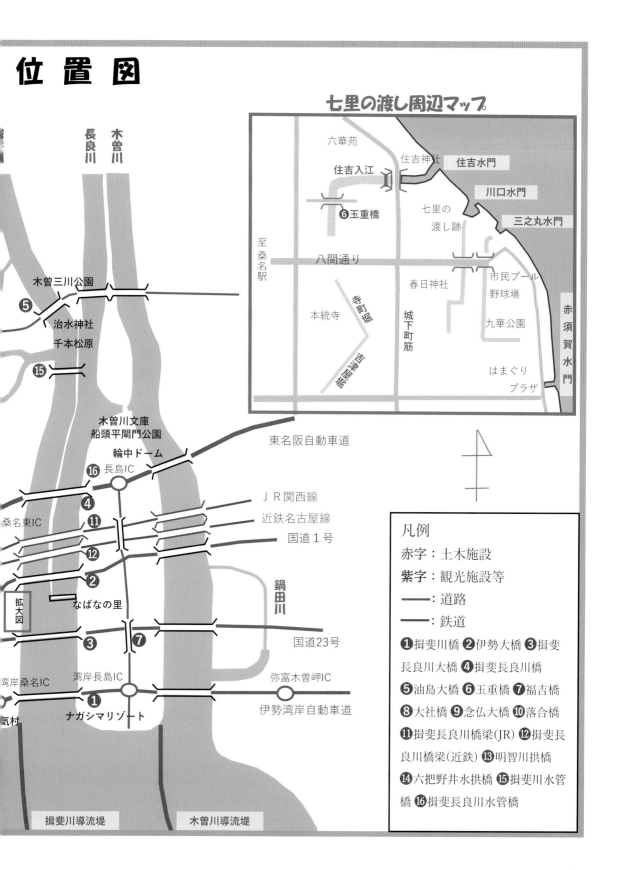

七里の渡し周辺マップ

六華苑
住吉神社 　住吉水門
住吉入江
川口水門
⑥玉重橋
三之丸水門
七里の渡し跡
至桑名駅
八間通り
春日神社
市民プール
野球場
本統寺　寺町堀
城下町筋
九華公園
赤須賀水門
はまぐりプラザ

木曽三川公園
⑤
治水神社
千本松原
⑮

木曽川文庫
船頭平間門公園
輪中ドーム
東名阪自動車道
⑯　長島IC
④
JR関西線
桑名東IC
⑪
近鉄名古屋線
⑫
国道1号
②
なばなの里
鍋田川
拡大図
③　⑦
国道23号
弥富木曽岬IC
湾岸桑名IC　湾岸長島IC
①　ナガシマリゾート
伊勢湾岸自動車道
揖斐川導流堤　木曽川導流堤

長良川
木曽川

凡例

赤字：土木施設
紫字：観光施設等
──：道路
──：鉄道
❶揖斐川橋 ❷伊勢大橋 ❸揖斐長良川大橋 ❹揖斐長良川橋
❺油島大橋 ❻玉重橋 ❼福吉橋
❽大社橋 ❾念仏大橋 ❿落合橋
⓫揖斐長良川橋梁(JR) ⓬揖斐長良川橋梁(近鉄) ⓭明智川拱橋
⓮六把野井水拱橋 ⓯揖斐川水管橋 ⓰揖斐長良川水管橋

3

目　　次

Ⅰ．道路

人間の飽くなき願望
山を貫き、野原を駆け巡る
人の利便性を最優先にする
このことに大地は歓んでいるのか、それとも涙しているのか
しかし、この飽くなき願望が
今、私たちが享受している豊かさの源泉であることを
私たちは忘れてはならない
地域を守り、地域を結び、明日へと拓く
素晴らしき、なかまたち（土木施設）

① 東海環状自動車道

東海環状自動車道

員弁川と併走する東海環状自動車道（提供：国土交通省北勢国道事務所）

　東海環状自動車道は、名古屋市の周辺30〜40km圏に位置する、四日市市、東員町、いなべ市、大垣市、岐阜市、関市、土岐市、豊田市等の諸都市を有機的に結ぶ約160kmの高規格幹線道路※です。また、新東名高速道路、新名神高速道路、伊勢湾岸自動車道と一体となって、東名高速道路、名神高速道路、中央自動車道、東海北陸自動車道及び東名阪自動車道を相互に連絡しながら環状を形成する名古屋都市圏の骨格道路です。

　平成28（2016）年8月に三重県内で初めて東員IC〜新四日市JCT間が開通し、平成31（2019）年3月には大安IC〜東員IC間が開通し、着々と整備が進められています。

※高規格道路とは全国的な自動車交通網を構成する自動車専用道路です。

大安IC　更に北勢ICへ（提供：国土交通省北勢国道事務所）

〈東海環状道路諸元〉
道路規格：第1種第2級
　　　　　（自動車専用道路）
総　延　長：152.5km
設計速度：100km/h
　　　　　（暫定2車線区間は70km/h）
車　線　数：4車線
　　　　　（土岐JCT-新四日市JCT間は
　　　　　暫定2車線）
道路幅員：23.5m（車道3.5m×4）

三重と滋賀とを隔てさせるのが鈴鹿山脈。一方、三重と岐阜を隔てているのが養老山地です。その養老山地を貫こうと着々と計画が進んでいる道路があります。その名は国道475号東海環状自動車道。東海環状自動車道は昭和62（1987）年6月30日に第四次全国総合開発計画（四全総）で高規格幹線道路（一般国道の自動車専用道路）に指定され、平成元（1989）年12月に、土岐～関間が都市計画決定され、平成4年1月には三重県区間の北勢～四日市間が都市計画決定されました。

　平成28（2016）年8月11日に東員IC～新四日市JCT間が三重県区間として初めて開通し、平成29（2017）年10月22日には養老JCT～養老IC間が開通しました。そして、平成31（2019）年春には東員IC～大安IC間が開通し、残すは三重県内では大安IC～北勢IC（仮称）～養老IC（24.6km）、岐阜県内では関広見IC～大垣西IC間（35.2km）のみとなりました。養老山地はこの北勢IC～養老IC間にそびえ立っており、最後の難関となることでしょう。しかしこの山地を貫いた暁には、名古屋を中心とする三重・愛知・岐阜を環状に結ぶ道路が完成し、この地域を素晴らしき明日へと導いてくれることと信じています。

プレイベント スカイサイクリングいなべ
（提供：国土交通省北勢国道事務所）

開通パレードを待つ車

祝開通　大安中学校吹奏楽部による演奏

大安～東員間 祝開通　テープカット‼

東海環状自動車道の進捗状況 （全体の約6割（延長約93km）が開通　2019年4月1日現在）

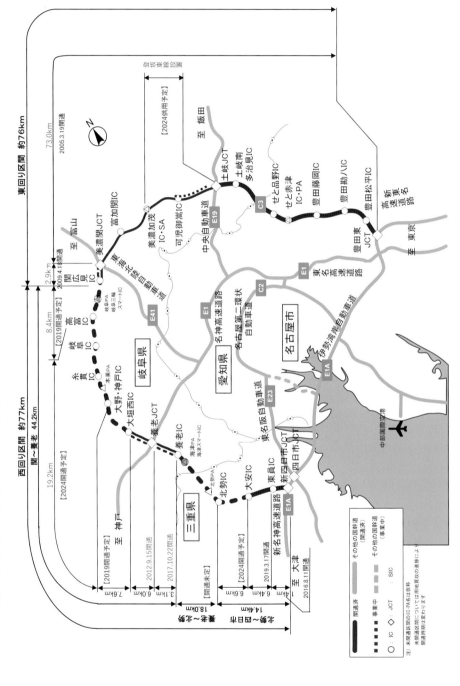

10

（提供：国土交通省中部地方整備局 北勢国道事務所　一部著者にて加筆）

東海環状自動車道　整備状況図

Ⅱ．トンネル

① 石榑トンネル（国道421号）

石榑トンネル（国道421号）

ジェット飛行機のエンジンを想わせる2基のジェットファン。これは巨大な扇風機で、トンネル内を換気するとともに、火災時には煙を外に出すという重要な役割を担っています。

　長らく酷道（こくどう）と揶揄されてきた国道421号石榑峠ですが、ついに自動車が安全に快適に通行できるようになりました。石榑トンネルの開通です。これまで、対面通行が困難であったばかりか、冬季には降雪で通行止めとなっていました。しかし、トンネルの開通により、年間を通して安全に快適に通行することができるようになりました。

旧国道421号石榑峠：酷道の象徴であった巨大コンクリートです。道路幅が狭いため、2t車以上の通行を禁止しています。（提供：いなべ市）

三重県側のトンネルの入り口です

場　所：三重県いなべ市大安町石榑南
　　　　〜滋賀県東近江市黄和田町
延　長：4,157m
開通年：平成23年3月26日

石榑峠を越えて滋賀県永源寺町に至る勢江道路。この峠では二千年前の弥生時代の石鏃が出土したといいます。この道は、大安町と永源寺町を結ぶ生活路であり、桑名と京を結ぶ交通路として八風越と共に利用されてきました。近世には、近江国から炭を運び出し、石榑からは米や石灰を運ぶ道でした。道といっても人が歩けるだけの道で、荷車などは通ることができませんでした。この道も、昭和38（1963）年度三重県側6,468mの完成に続き、昭和45（1970）年7月25日に滋賀県側6,968mが完成し、ついに両町を荷車・自動車で往来することができるようになりました。幅員4.0mの幹線林道石榑線の全線開通です。三重、滋賀の両県知事、その他関係者が出席して、記念植樹やテープカットなどでこの開通を祝いました。

　その後、昭和57（1982）年4月に県道近江八幡員弁線から国道421号に昇格し新たな一歩を歩みだしました。しかし、国道といっても道は従来のまま。道幅は狭く、急勾配、急カーブの連続で、乗用車のすれ違いは困難を極めました。大型トラックはもちろん通行不可能。しかも、冬季は雪により閉鎖、豪雨時には通行規制と、一部では酷道421号と揶揄されるほど国道とは思えない道でした。それから幾年か過ぎ……

　平成23（2011）年3月26日、ついに、石榑峠を大型トラックが安全に通行できる道となりました。石榑トンネルの開通です。平成18（2006）年5月27日の起工式から5年を待たず完成しました。
　このトンネルの開通により両町の往来にとどまらず、関西圏と中部圏を結ぶ幹線道路として生まれ変わったのです。産業、観光、地域連携面で、大いに活躍することでしょう。なお、この石榑トンネルの工事は、その事業規模が大きく、また工事の技術的難度が高いため、県に代わって国が施行しました（このことを直轄代行といいます）。

　トンネルの施工箇所は、鈴鹿国定公園内に位置し、現場周辺にはクマタカなど様々な希少動植物が生息しています。また、周辺の河川にはイワナ、ヤマメ、アマゴなど清流にしか棲めない生物が生息しています。そのため、トンネル坑外の仮設備は、自然に溶け込みやすい茶褐色を基調とした色で統一しました。また、工事で発生する汚水は濁水処理設備で清水に処理したうえで放流し、発破による音を低減するため防音扉を設置しました。

石榑トンネル貫通式：無事貫通できたことを皆で祝いました（提供：いなべ市）

大幹線林道石榑線開通式：三重、滋賀両県知事など多数の出席者のもと念願の道路が開通したことを祝いました。（出典：大安町史）

Ⅲ．橋

～七里の渡し～
桑名宿から宮宿まで舟による旅
なんと情緒深い響きなんだろう
しかしこれは、船でしか渡れない、嘆きの叫びとも言えよう
永らく尾張国と伊勢国を隔てさせてきた大河・木曽三川
それもようやく終わりを告げる時が来る
明治28年11月7日、関西鉄道による陸路開通
そして38年6ヶ月を経て、ついに人が歩いて渡れる時が来る
昭和9年5月26日、伊勢大橋開通
以降、先端技術の結集により、多くの橋が架けられる

   ① 揖斐川橋・トゥインクル（伊勢湾岸自動車道）
   ② 伊勢大橋（国道1号）
   ③ 揖斐長良川大橋（国道23号）
   ④ 揖斐長良川橋（東名阪自動車道）
   ⑤ 油島大橋（県道　北方多度線）
   ⑥ 玉重橋（桑名市道）
   ⑦ 福吉橋（県道　水郷公園線）
   ⑧ 大社橋（県道　菰野東員線）
   ⑨ 念仏大橋（県道　四日市東員線）
   ⑩ 落合橋（国道421号）
   ⑪ 揖斐長良川橋梁（JR関西線）
   ⑫ 揖斐長良川橋梁（近鉄名古屋線）
   ⑬ 明智川拱橋（めがね橋　三岐鉄道　北勢線）
   ⑭ 六把野井水拱橋（ねじり橋　三岐鉄道　北勢線）
   ⑮ 揖斐川水管橋（三重県企業庁）
   ⑯ 揖斐長良川水管橋（三重県企業庁）

揖斐川橋（トゥインクル）(伊勢湾岸自動車道)

揖斐川橋を揖斐川右岸から長島方面を望む

　揖斐川橋は、伊勢湾岸自動車道の揖斐川に架かる橋梁です。伊勢湾岸自動車道には、名古屋港に名港トリトンという３つの斜張橋が連なっていますが、ここ、木曽三川の河口部には、この揖斐川橋（長良川はこの上流で揖斐川と合流しています）と木曽川に架かる木曽川橋とあわせてトゥインクルという愛称がつけられています。遠くから見ると、橋脚部にある主塔からの斜材ケーブルとスレンダーな上部工から、広い帆を張った船が連なっていることを連想させる橋です。この二つの橋の間にあるナガシマリゾートとともに、素晴らしい景観を醸し出しています。

　この橋で採用した、PC・鋼複合エクストラドーズド橋は世界初の構造形式であり、2001年度土木学会田中賞を受賞しています。

揖斐川橋の広い帆（主塔と斜材ケーブル）

場　所：	桑名市長島町松蔭 〜桑名市福岡町
橋　長：	1,397m
上部形式：	PC・鋼複合エクストラドーズド橋
基礎形式：	鋼管矢板基礎
開通年：	平成14年3月24日

揖斐川橋とナガシマリゾート

　トゥインクルは開通後毎夜、日没から一定時間ライトアップしていました。揖斐川橋はブルーから白へと、木曽川橋はグリーンから白へとタワーごとに少しずつ色が変わりました。しかし、2011年3月11日の東日本大震災後の計画停電を契機に、電力削減としてこれらライトアップは中止されています。

夜の揖斐川橋　（写真：Tawashi2006）

夜の木曽川橋　（写真：Tawashi2006）

コラム1　土木学会田中賞

　昭和41（1966）年、㈳土木学会が橋梁・鋼構造工学での優れた業績に対して設けた土木学会賞の一つです。田中賞の由来は、関東大震災後の首都の復興に際し、帝都復興院初代橋梁課長として、隅田川にかかる永代橋や清州橋など、数々の名橋を生み出した田中豊博士に因みます。田中賞は次の3つの部門から成り立っています。

① 業績部門

　橋梁に関する技術の進歩、発展に顕著な業績を上げたと認められる者を選考します。

② 論文部門

　土木学会刊行物に発表され、橋梁工学の発展に大きく貢献したと認められる論文、報告の中から選考されます。

③ 作品部門

　橋梁およびそれに類する構造物の新設、改築で、優れた特色を有すると認められるものについて選考されます。作品部門は、橋梁が多くの人々とその共同作業の成果という点から、受賞対象は企業者、設計者、施工者などの組織あるいは個人ではなく、あくまでも作品そのものとしている点に特徴があります。

伊勢大橋（国道1号）

揖斐川右岸から長島方面を望む。右側の橋脚は現在整備中の新伊勢大橋。工事用のクレーンのアームがその奥に見えます。

　国道1号は、東京と伊勢神宮とを結ぶ幹線道路でありながら、木曽三川を渡るには渡船に頼るしかありませんでした。しかし、ようやく渡船に別れを告げる時が来ました。昭和8（1933）年11月に愛知県により尾張大橋が、翌昭和9（1934）年5月には三重県により伊勢大橋が完成しました。これにより、木曽三川を人が車が自由に渡ることができるようになりました。

　その後、経済成長と共に伊勢大橋の通行量が飛躍的に増加し、慢性的な渋滞に悩まされるようになりました。また、大型車両の通行等により橋梁本体の老朽化も著しくなりました。

　そこで、新たな橋が計画され現在、その建設が着々と進んでいます。早く新たな伊勢大橋が完成するのを待ち望む者の一人です。

伊勢大橋を路面から上方を望む。繊細な造形美を感じさせられます。

伊勢大橋の大きな口（中堤への出入口）

場　　所	：桑名市長島町十日外面 　〜桑名市福島
橋　　長	：1,105.7 m
上部形式	：ランガートラス橋
基礎形式	：ニューマチックケーソン
開 通 年	：昭和9年5月26日

江戸から伊勢国への入口にあたる「伊勢大橋」、一方、京から尾張国へは「尾張大橋」です。

　「由来一号国道は帝都と神宮とを連絡する幹線道路にして極めて重要なる地位を占めるに拘わらず木曽、揖斐、長良三大河川の横過する所橋梁の設備なく道路交通上久しく遺憾とする所なりき」
　これは昭和9（1934）年5月26日の竣工式における内務大臣の祝辞です。この約半年前の昭和8（1933）年11月8日の尾張大橋の竣工に続き、この伊勢大橋の竣工により、ついに木曽三川を人が、車が通行することができるようになりました。

　昭和初年において、国道1号で最大の障害となっていたのが木曽三川。自動車が普及しはじめ、また四日市港をひかえ、四日市、桑名など北勢地方の経済活動が活発化すると、陸路による名古屋との交通確保が痛感されるようになりました。そこで、大正11（1922）年に架橋計画案が愛知県において立案され、昭和4（1929）年には三川架橋期成同盟会が四日市市に発足し、次いで海部郡や員弁郡、桑名郡にも促進同盟会などが生まれました。
　こうした動きを受けて、昭和4（1929）年12月に三川架橋が補助事業として実施することが決定し、木曽川橋梁を愛知県、揖斐長良川橋梁を三重県が施工することとなりました。そして、昭和5（1930）年3月に木曽川橋梁が、同年9月に揖斐長良川橋梁が着工したのでした。

　伊勢大橋は完成時、東洋一の長大橋であり、橋梁形式として下路式ランガートラス橋という、トラス構造を上弦のアーチで吊り下げる構造で、当時の最高技術といえます。この橋の設計は増田淳氏が率いる増田橋梁事務所。尾張大橋も同じ時期に増田橋梁事務所が設計しています。増田淳氏は当時、国内の主要な橋梁の設計を手掛けていました。

　この伊勢大橋の開通を祝って、毎年夏に桑名花火大会が行われるようになりました。また、長島村又木出身の村上敬二氏が、国道1号の両側に桜の若木を寄付植樹し、この桜並木はまさに長島輪中の壮観でした。しかし、昭和20（1945）年の太平洋戦争の末期に空爆により長良川左岸堤防が爆破され、その応急復旧にこの多くの桜の木を切り倒して利用されました。

伊勢大橋完成時の絵葉書：親柱が威厳を感じさせます。（提供：桑名市立中央図書館「昭和の記憶」事業）

尾張大橋完成時の絵葉書（提供：土木学会附属土木図書館）

三重県伊勢大橋の開通式当日の美談

　三重県の伊勢大橋の開通式は五月二十六日盛大に挙行されたが、当日秘められた美談が五つあって、関係者一同を大いに感激させた。

（一）　伊勢大橋架設工事の直接の責任者たる上井三重県土木課長が渡り初めを終わって元の橋詰に帰ってくると、男柱の根元に土下座して感激の顔を並べている同課長夫人、令息達家族全部の姿を発見した。家族達は同課長が永い年月心血を注いで架橋した伊勢大橋の晴れの日の威容を見んとして、わざわざ津から出かけて来たものであって。全家族を挙げて、架橋成功を祈っていた土木技術者一家の美しい気持には、関係者其他のものも大いに感激した。

（二）　次いで、同課長は渡り初めが終るや直ちに、全家族を伴い、海蔵寺内薩摩義士の墓に詣で、治水土木の先覚者であり、且つ郷土の偉人である義士達に対し竣工奉告をなし、後輩技術者の名に於いて、「下草の　かげにすだくや　虫の声」の一句を献じた。

（三）　薩摩義士の墓を預かる海蔵寺住職林竹船師は、秘かに、義士木像の写真を懐にして、一般群衆にまじって、新橋伊勢大橋の渡り初めをした。これは、同師が百五十年前に死を賭して、成遂げた大川治水功労者に由縁の大橋を渡らせてやりたいという美しい心づくしからであった。

（四）　松崎三重県内務部長も亦、この日特に薩摩義士の偉業を偲ぶために、祝賀会を終わって夜舎に移るまでの僅かの時間を利用して同橋上流にある治水神社に参拝して同義士の霊を慰めた。

（五）　架橋設計当時の三重県土木課長斎藤英夫氏は中途にして病に斃れたので、特に、同課長未亡人すげ子刀自に対して竣工式参列の招待状を出されていたが、同未亡人は出席を遠慮して、左の和歌一首を関係者に寄せて新橋の将来を祝福するとともに亡夫の苦心を偲んだ。

　　　亡き魂も今日を祝はん大橋の　架け渡されし姿護りて

尚ほ、令嬢光子さんも左の一首を寄せた。

　　　青嵐ふく大川にめでたくも　架けわたされし伊勢の大橋

（出典：道路の改良　第16巻第7号 P.173～174　（昭和9年7月））

伊勢大橋ケーソン基礎掘削状況写真
（提供：土木学会附属土木図書館）

伊勢大橋下部工施工状況写真
（提供：土木学会附属土木図書館）

親柱

　自動車専用道路を除いて一般的に橋の四隅に親柱が設けられています。門柱にあたる部分で、そこには橋名や完成年月、渡っている河川名などが記されています。装飾的意味合いが強く、地域の人々のその橋に対する思いを表している場合もあります。特に、戦前に架けられた伊勢大橋など著名な橋には、威厳が漂う立派な親柱が施されています。

油島大橋　　　　　　　　　　　落合橋　　　　　　　　　　　　　玉重橋

大社橋　　　　　　　　　　　　　　　　　　念仏大橋

揖斐長良川大橋 （国道23号）

揖斐川右岸から長島方面を望む

　木曽三川をわたる国道23号の揖斐長良川大橋は、国道１号バイパスとして計画された名四国道において、有料道路として日本道路公団により建設された橋です。昭和38（1963）年には第一期工事として、暫定２車線として上り線（北側）の橋梁が開通しました。その後、計画以上の交通量の伸びにより、二期拡幅工事の着手を早め、昭和42（1967）年２月に下り線（南側）橋梁が完成しました。下り線の設計・施工では、上り線の経験を踏まえて、数々の技術的改良が施されました。

　また当初計画では、昭和67（1992）年まで有料道路とすることとしてましたが、計画交通量を大幅に上回る交通量であったため、昭和47（1972）年12月27日に無料開放となりました。

上り線と下り線

軸材による造形美

場　　所	桑名市長島町福吉 　　〜桑名市地蔵
橋　　長	1,031.9ｍ（上り線） 1,035.1ｍ（下り線）
上部形式	ワーレントラス橋
基礎形式	ニューマチックケーソン
開 通 年	昭和38年２月16日 昭和42年２月（全線開通）

国道23号（名四国道）について振り返ってみましょう。

戦後復興や高度経済成長を支えたのが重化学工業です。電力、工業用水、土地、交通など、工場立地において最適条件を備えていた名古屋港から四日市港にいたる伊勢湾臨海地帯。愛知、三重両県、名古屋市及び財界を中心とする官民により、伊勢湾臨海工業地帯建設期成同盟会が結成されました。

一方、昭和9（1934）年の伊勢大橋開通により、陸路として名古屋～四日市がつながった国道1号。昭和29（1954）年度の物資流動調査によれば、国鉄関西線と国道1号の物資輸送の分担割合は1：3。しかも、昭和26（1951）年以降、鉄道輸送は横ばいに対して、道路輸送は驚異的増加の傾向にありました。国道1号の交通量は、昭和23（1948）年に395台／日だったのが、昭和31（1956）年には5,000台／日を越え、昭和37（1962）年には21,000台／日（調査地点：愛知県弥富町）に達しています。このようなことから、名古屋～四日市間の国道1号のバイパスとなる名四国道の建設計画が浮上したことは、当然のことといえるでしょう。

昭和30年度に総合開発計画による計画線の調査を行い、昭和32年度には実測調査を実施、そして昭和33年度から道路整備5ヶ年計画による事業として着手に至りました。そして5年の歳月を経て、昭和38（1963）年2月16日、遂に第一期工事区間29.1km（名古屋市港区寛政IC～四日市市袋町）が供用開始しました。昭和44（1969）年12月には四日市市采女町まで延伸、昭和47（1972）年10月に豊明市栄町※までが供用し、全線完成となりました。

※当初計画では東部取付は緑区鳴海町でしたが、取付け予定地の急速な市街地化と国道1号及び名古屋碧南線の交通量の急増により計画を変更し、豊明市境橋にその取付を決定しました。

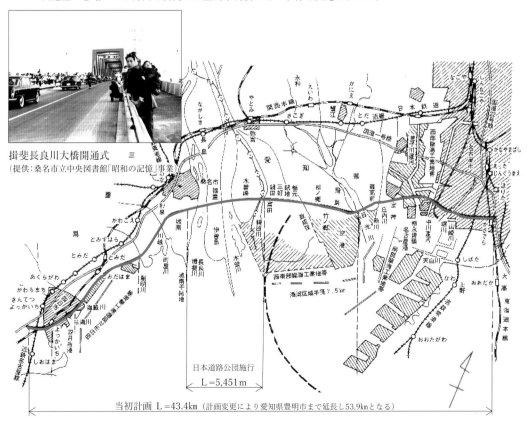

掛斐長良川大橋開通式
（提供：桑名市立中央図書館「昭和の記憶」事業）

名四国道計画図（当初計画）（出典：名四国道20年のあゆみ）

揖斐長良川橋（東名阪自動車道）

揖斐長良川橋を中堤から望む

　揖斐長良川橋は、東名阪自動車道における長大橋の一つで、昭和48（1973）年9月に完成した
トラス橋です。上流側には三重県企業庁による水管橋（ランガー橋）が併設されており、トラス
とランガーの構造美を醸し出しています。

揖斐長良川橋を中堤から望む

場　　所	桑名市長島町千倉 〜桑名市下深谷部
橋　　長	923.8m
上部形式	ワーレントラス橋
基礎形式	ニューマチック ケーソン
開 通 年	昭和50年10月22日

昭和38（1963）年1月、亀山～天理間を自動車専用道路「名阪国道」として千日間で開通させることが決定されました。そして同年4月1日、亀山に名阪国道事務所が開設されました。「千日道路」のスタートです。千日道路は突貫工事を遂行し、1,000日を待たず991日をもって昭和40（1965）年12月16日に暫定2車線で開通しました。その後、昭和44（1969）年3月に西名阪道路が、翌年昭和45（1970）年4月に東名阪道路が開通しました。三重県内における、本格的高速自動車道路時代の幕開けです。

　東名阪自動車道は、昭和45（1970）年4月17日に日本道路公団が管理する一般有料道路の一般国道1号のバイパス道路である東名阪道路として、四日市IC～亀山IC間が最初の供用を開始したのが始まりです。のちに、東名阪道路の桑名IC～亀山IC間が高速自動車国道へ格上げされる運びとなり、昭和48（1973）年4月1日に高速自動車国道の東名阪自動車道となり名阪国道・西名阪自動車道・近畿自動車道とともに一本の国土開発幹線自動車道（近畿自動車道名古屋大阪線）になりました。そして、平成17（2005）年3月13日に亀山ICから伊勢関IC間（亀山直結線）が開通したことにより、ついに全線開通しました。

　なお、平成15（2003）年3月21日に伊勢湾岸自動車道と接続し、また平成20（2008）年2月23日には新名神高速道路が部分開通して当路線と接続したことにより、東名豊田JCT～名神草津JCT間を従来の名神高速道路・米原経由よりも短絡するルートになりました。

油島大橋 （県道北方多度線）

油島大橋を岐阜県側から望む。遠方に見える山は多度山です。

　岐阜県油島。木曽三川がここに集まり、豊かな水に恵まれる一方、幾多の水禍に耐えてきた地域です。治水の歴史はこの地方の生活に深くかかわり、薩摩藩士による宝暦治水は有名です。このような厳しい自然条件のため三川を横断する東西交通は、橋ができるまで多くの渡船によって行われ、新橋の架橋は、この地方の念願でした。

遠方から望む

場　　所	：岐阜県海津市海津町油島 　〜桑名市多度町福永
橋　　長	：499.4m
上部形式	：3径間連続鈑桁、単純鋼箱桁
基礎形式	：ニューマチックケーソン
開通年	：昭和58年6月29日

昭和48（1973）年、関係する三重、岐阜、愛知の三県は新しい時代に対応するため、三川架橋計画をたて整備に着手しました。以来10年の月日を要し、油島大橋が他の二橋に先立ち昭和58（1983）年6月29日に開通式を迎えました。そして、木曽川に架かる立田大橋は昭和59（1984）年10月11日、長良川に架かる長良川大橋は昭和62（1987）年1月16日に開通し、ついに三川がつながりました。

　さらに、昭和62（1987）年10月31日には国営木曽三川公園が開園し、この三川を渡り3県を結ぶ道路に、「木曽三川パークウェイ」という愛称が公募により付けられました。この道路は三県を結ぶ重要な幹線道路であるとともに、国営木曽三川公園中央水郷地区へのアクセス道路でもあり、年々その重要性は高まっています。

木曽三川パークウェイ　長良川大橋正面写真

木曽三川パークウェイ。
日本の道百選に選ばれています

油島渡船[1]　油島大橋の開通により揖斐川の渡船に終わりを告げました（出典：多度町史）

油島渡船[2]　東福永の渡船場（出典：多度町史　近世現代）

木曽三川公園　イルミネーション

木曽三川公園　チューリップ祭り

玉重橋 （桑名市道）

玉重橋　昇開完了（提供：桑名市）

　桑名城の外堀の一部であった住吉入江。桑名市は、この奥を漁船などの避難泊地とする計画を立てました。ここで問題となったのが、避難泊地の入り口にある玉重橋。橋の下面から水面までが狭いため、船舶の通行に支障が生じたのです。そのため、船舶が橋の下を通過するときに、橋を動かす可動橋とすることにしました。設計にあたっては、この周辺の歴史道路整備事業の一環として、3つのデザインコンセプトをたて、周辺との景観調和を図りました。

親柱と高欄

普段の玉重橋

玉重橋の下を船がくぐる（提供：桑名市）

場　　　所	桑名市船馬町
橋　　　長	10.5m
上部形式	単純鋼床版鈑桁橋
基礎形式	場所打杭
開 通 年	平成11年12月

デザインコンセプト
① 機能と意匠との融合。すなわち、避難水路としての機能、経済性、利便性、そして美観を持つこと。
② 歴史性の中に新しさを持たせる。すなわち、歴史的雰囲気＋現代的感覚をつける。
③ 素材の適切な選択。すなわち、先端技術を取り入れ、地場産業である鋳物を生かし、歴史に耐ええる素材として煉瓦を採用する。

　まず、景観を阻害しない構造として、ジャッキによる押上昇開式可動橋としました。親柱、高欄の支柱、橋台側面の照明灯には、桑名市の地場産業である鋳物製品を採用し、高欄の手摺には木を使用し暖かみを持たせました。また、トータルデザインとして、歴史性を感じさせるアンティークなデザインとしました。

コラム4　可動橋

　三重県内には現役の可動橋が5橋あります。四日市の末広橋梁（跳開式鉄道橋）、臨港橋（跳開式道路橋）、紀北町の江ノ浦橋（昇開式道路橋）、そしてここ桑名市の玉重橋（昇開式道路橋）、新住吉橋船止設備（旋回可動式歩道橋）です。

　この中で最も古い橋が、四日市市の千歳運河にかかる末広橋梁（すえひろきょうりょう）です。末広橋梁は、高名な橋梁技術者である山本卯太郎の設計により昭和6（1931）年に完成した橋梁技術史上貴重な橋梁です。そのため平成10（1998）年に、可動橋として初めて国の重要文化財に指定されました。玉重橋、新住吉橋船止設備歩道橋も、このようにずーとその機能を活かし続けもらいたいと思います。

新住吉橋船止設備歩道橋　旋回中
（提供：木曽川下流河川事務所）

新住吉橋船止設備歩道橋　旋回完了　舟が通る
（提供：木曽川下流河川事務所）

普段の新住吉橋船止設備歩道橋

橋の端部

このシリンダーで橋桁を引き寄せます

福吉橋（県道　水郷公園線）

国道23号を跨ぐ福吉橋

　福吉橋は、国道23号と立体交差するために造られた跨道橋です。当初計画では橋長30m程度でしたが、橋梁取付け部の盛土高さが約8.5mとなり、地盤が軟弱であるため橋梁取付け部の沈下量が大きくなることから、工事費、用地費、維持管理費などを総合的に検討の結果、橋長150mとなりました。

　その後、地域の発展とともに交通量が増加し、床版の補修が必要となるとともに、東名阪自動車道　長島ICと伊勢湾岸自動車道　長島ICとを結ぶ重要路線となることから、RC床版から自重の軽い鋼床版に取り換え、B活荷重※に耐力アップしました。更に、地震時において倒壊しないよう、橋脚（基礎工含む）の耐震補強を行いました。

福吉橋側面写真

耐震補強後の福吉橋

場　　所	桑名市長島町福吉
橋　　長	150m
上部形式	単純鋼床版鈑桁橋 （建設時は単純合成鈑桁橋）
基礎形式	場所打杭
開 通 年	昭和43年8月

長島町の南端部において、昭和38（1963）年8月27日夜、1,540mの地底より60余度の熱湯が自噴しました。ナガシマリゾートの始まりです。もともとは天然ガスを目的に掘っていたものの、足かけ5年、ついに温泉を掘り当てたのでした。その後、温泉の営業を開始し（S39.11.11）、ホテルナガシマ営業開始（S39.12.22）、屋内温泉プール（S40.6.6）、スパーランド遊園地（S40.11.6）と開発が進み、自動車の通行量も増加しました。

　当時、この地域の道路は河川堤防を兼用した県道のみで、幅員は4.3m程度と狭く、対向に支障が生じていました。そのため、名四国道から海岸堤防までを縦貫する延長3.7kmの道路が計画され、昭和41（1966）年6月の県議会定例会にて長島有料道路の建設計画が議決されました。工事期間は昭和41（1966）年12月3日から昭和43（1968）年9月30日までとしましたが、施工業者等の努力により、当初計画よりも早く完成し、昭和43（1968）年8月2日に供用開始しました。建設に要した事業費は5億2,300万円で、内工事費3億970万円、用地補償費1億4,460万円でした。その後、桜の木が長島観光開発から寄贈され、春には桜のアーケードとなって市民や来園者を楽しませています。

　なお、長島有料道路は昭和48（1973）年10月に無料開放されました。

　福吉橋は、この有料道路が名四国道と立体交差するために造られた跨道橋です。ナガシマリゾートの発展とともに交通量が増加し、床版にクラックが生じ補修が必要となりました。また伊勢湾岸自動車道・長島ICの建設が計画され、東名阪自動車道・長島ICとを結ぶ重要路線となることから、耐荷力アップが望ましいと判断されました。そこで、平成8（1996）年7月にRC床版から自重の軽い鋼床版に取り換え、B活荷重に耐力アップするとともに、平成30（2018）年3月には橋脚（基礎工含む）の耐震補強が完了し耐震性能の向上が図られました。

※B活荷重：橋梁の設計荷重。平成5（1993）年の基準改訂により、総重量25tの大型トラックの通行量が多い場合にはB活荷重、通行量が少ない場合はA活荷重で設計します。なお、それ以前の設計荷重は、大正15（1926）年からは、1等橋12t、2等橋8t、3等橋6t、昭和14（1939）年からは、1等橋13t、2等橋9t、昭和31（1956）年からは、1等橋20t（TL-20）、2等橋14t（TL-14）でした。

ナガシマリゾート

県道 水郷公園線（旧長島有料道路）桜のトンネル

大社橋（県道　菰野東員線）

大社橋

　東員町には、上げ馬神事で有名な猪名部神社があります。上げ馬神事とは、100mの馬場を駆け高さ約2.5mの土塁を駆け上がり、その年の豊凶を占う神事です。800年以上の伝統を地域住民が今に伝えています。神社があるのが北大社地区で、員弁川を挟んで南大社地区があります。そして、この両地区を結びつけるのが大社橋です。県内でも数少ない「擬宝珠（ぎぼし）」のある大社橋を、猪名部神社から南大社の流鏑馬馬場への神様の巡業だと渡る、神霊渡御。「神霊渡御」は、鎌倉絵巻を思わせる勇壮華麗な装束で列ねます。

神霊渡御

神霊渡御

場　　　所	：東員町南大社～東員町北大社
橋　　　長	：196m
上部形式	：連続鈑桁、単純鈑桁
基礎形式	：鋼管杭、場所打杭
開 通 年	：平成5年3月27日

その昔、四日市と楚原を結ぶ新濃州道の要所である員弁川の北側の北大社と南側の南大社を結ぶ大長橋と呼ばれる板橋がありました。長さ約201m、幅2.7mで、北大社の豪農・木村誓太郎が私費で架設し、管理は稲部村と大長村が行っていました。しかし、流失したため明治21（1888）年5月に官設の土橋（橋長約200m、幅員3.6m）が再架されました。その後も大雨のたびに流失したため、昭和初期に失業対策事業として工費3万円（県費）でコンクリート橋として着工し、員弁川に初めての永久橋が昭和7（1932）年3月に竣工しました。

　その後の交通量の増加、通過車両の大型化、橋本体の老朽化により、平成5（1993）年3月に現在の橋に架け替えられました。歩道付きの車道2車線の橋で、橋の南詰めには小公園を設けました。橋や小公園の設計においては猪名部神社を意識した意匠設計を行い、橋の4隅の親柱と高欄には擬宝珠をしつらえ、橋の色や歩道の舗装などにおいても、周辺環境（景観）との調和を目指しました。小公園の名は、地域の声から「やぶさめ公園」と命名し、今も地域の皆さんに愛され続けています。

大社祭　いざ行かん！！（提供：東員町）

大社祭　満顔の笑顔（提供：東員町）

擬宝珠（ぎぼし）

　建物や橋の高欄などの柱頭部を飾る宝珠。形は、宝珠形の頭部と円筒形の胴部から成ります。伝統的な建築物の装飾で橋や神社、寺院などにおいて設けられています。
　左の写真は大社橋の親柱で上部の金色の部分が擬宝珠です。

やぶさめ公園

念仏大橋（県道　四日市東員線）

念仏大橋：瀬古泉から中上方面を望む

　現在の念仏大橋は、プレストレス・コンクリートの永久橋として、昭和43（1968）年8月に工事着工し、1億3260万円をもって昭和45（1970）年7月に開通しました。その後交通量が増加し、円滑な交通を図るため、平成28（2016）年7月に橋の南詰め交差点を改良し右折車線を新たに設けました。

念仏橋　正面

場　　　所：東員町中上～東員町筑紫
橋　　　長：210m
拡幅部　105m
上部形式：単純ポステンT桁
拡幅部　連結ポステンT桁
基礎形式：鋼管杭
拡幅部　場所打杭
開 通 年：昭和45年7月27日
拡幅部　平成28年7月4日

員弁川をはさんで川北地区（旧神田村瀬古泉・穴太・山田及び旧七和村森忠）と川南地区（旧久米村中上・志知及び旧下野村北山）の各寺院での法座があったときに、各寺院に参詣の便を図るため明治37（1904）年、中上遍崇寺住職花山大安師の発案により、川の瀬に費用が少なくて管理しやすい板橋（板厚約6㎝、幅60.5㎝、橋長は水幅に準ずる）を架けることになりました。場所は、穴太または瀬古泉堤防と中上堤防との間で、各寺院での法座毎にその寄付金を募り、木橋が造られるまで毎年、10月の初旬から4月中旬まで、瀬古泉の青年団により架橋・管理されました。

　その後、年間を通じて通ることができる木橋として、昭和10（1935）年2月に工事着工し、同年9月に長さ250mの「念仏橋」が完成しました。木橋であるため、大雨などで度々流出し、その度に復旧してきましたが、プレストレス・コンクリートの永久橋として、昭和43（1968）年8月に工事着工し、1億3260万円をもって昭和45（1970）年7月27日に開通しました。その後交通量が増加し、円滑な交通を図るため、平成28（2016）年7月に橋の南詰め交差点を改良し右折車線を新たに設けました。

　ところで、「念仏橋」は、昭和39（1964）年3月に焼失し、同年7月10日の復旧時に橋名を「東員橋」に改められました。しかし、地元の人々の橋に寄せる思いと尽力により、平成13（2001）年夏に「念仏大橋」としてその名が復活しました。

念仏橋の解説板

落合橋 （国道421号）

宇賀川下流側から望む

　"橋"でありながら"橋"があることを感じさせない"橋"が、石榑峠の麓、宇賀渓にあります。その名は"落合橋"。ありきたりの名前ですが、橋梁構造形式としては大変珍しい橋です。

　普通、車で橋を通ると、コトン、コトンといった音と衝撃を感じます。それは、橋桁と橋桁あるいは橋桁と地盤をつなぐ伸縮装置があるからです。でも、この落合橋は支間長が36mあるもの、伸縮装置がありません。また、上部工と下部工をつなぐ支承装置もありません。それは、この構造が、コンクリート充腹アーチ橋といった、伸縮装置や支承装置を必要としないものとなっているからです。このことは、極めて維持管理費を要しない構造といえるでしょう。

上方から望む

場　　　所	いなべ市大安町石榑南
橋　　　長	37.3m
上部形式	RC 充腹アーチ橋
基礎形式	直接基礎
完 成 年	平成 6 年 3 月

あわや大惨事

　国道23号木曽川大橋において、平成19（2007）年6月20日に、上り線（名古屋方向）南側の斜材の破断が発見され、緊急修復工事が行われました。また、これを契機に、木曽川大橋、揖斐長良川大橋の上り線（名古屋方向）、下り線（四日市方向）の橋梁の大規模な補修・補強工事を、平成21年度、22年度に行いました。これら工事では、車線規制（2車線を1車線にして通行させる）が必要となることから、著しい渋滞が予想され、社会的影響が危惧されました。そのため、NEXCO中日本では、並行する伊勢湾岸自動車道のみえ川越IC〜飛島IC区間内の通行料金を最大5割引きとし、国道23号の通行車両を高速道路へ誘導することにより、交通渋滞の大幅な緩和を図りました（渋滞長　概ね4km→1km）。

　今回破断した斜材は、コンクリート内を貫通している部材で、設計当時には、コンクリートに埋め込まれている鋼材であるため腐食しない（錆は発生しない）と考えられていました。

　確かに、アルカリ性であるコンクリート内では鋼材に錆は発生しませんが、年月が経ちコンクリートの中性化が進行すれば鋼材に錆が生じます。また、鋼材とコンクリートが接する部分は再塗装（防錆処理）が困難であり、滞水や湿潤な状態になりやすい場所では発錆しやすく、更には海水塩分が飛来しやすい地域では発錆の確率は格段に高くなります。これらは、当初設計時には想定困難なことであり、また日常の目視点検では分かり難い部位でもありました。

　しかし、今回破断した斜材は橋梁の主部材であり、橋が崩落しても不思議でありませんでした。この発見から約40日後の8月1日に、アメリカ・ミネソタ州の高速道路のトラス橋が崩落し、多数の死傷者がでました。わが国で、このような悲しい事故を生じさせないためにも、同様な事故が起きないよう、点検を前提とした構造設計の確立、確実なPDCAの実施、そして何よりも同じ失敗を繰り返さないという気概が技術者全員に必要なのでしょう。木曽川大橋の破断は多くの教訓を土木技術者に与えました。

木曽川大橋：破断した斜材

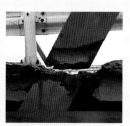
破断した斜材

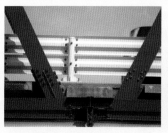
木曽川大橋：復旧写真

復旧写真

揖斐長良川橋梁 （JR 関西線）

JR 関西線　揖斐長良川橋梁

　名古屋〜大阪を最短距離で結ぶ関西線。私鉄関西鉄道であった明治時代、一時は東海道線と旅客集客で競いあった鉄道です。私鉄関西鉄道はその後国営となり、複線化も検討されたものの、昭和13（1938）年に近鉄が名古屋に乗り入れ、その後は……

　現在の橋梁は 3 代目で、昭和54（1979）年に架設された橋梁です。

場　　　所	：桑名市長島町西外面
	〜桑名市上之輪新田
上部形式	：初代　平行弦ワーレントラス橋
	2代目　曲弦ワーレントラス橋
	3代目　平行弦ワーレントラス
	橋、単純鈑桁橋
基礎形式	：初代　オープンケーソン（橋
	脚）、松杭（橋台）
	2代目・3代目　ニューマチッ
	クケーソン
完 成 年	：初代　　明治28年
	2代目　昭和3年
	3代目　昭和54年

三重県内の木曽三川に初めて橋梁が架けられたのは、私鉄関西鉄道による、木曽川橋梁、揖斐川橋梁です。政府による東海道線敷設当時、このルートを比較線として調査しましたが、地盤が軟弱であるために架橋は最困難なるものとして不採用となりました。そのような路線であるが故に、貧弱たる一私設鉄道会社が、経済的に果たして採算し得るのか一般の疑問とするところであり、また鉄道局長官井上子爵も無謀なる計画と断念すべきと極言しました。しかし、関西鉄道社長白石直治博士は、経済的範囲において架橋が可能であると確信し、遂に四日市～名古屋間の延長申請を貫徹しました。そして、延べ6,140フィート（1,871m）の橋梁架橋費は、四日市～名古屋間の23マイル（37km）余りの総建設費の4割を占めるものの、明治26（1893）年末より工事準備に着手、明治27年3月に起工、ついに翌明治28（1895）年末に竣工し、11月7日に桑名～弥富間が開通しました。

　このことにより、明治26（1893）年において1日1マイル当りの営業収入が10円であったのが、大正9（1920）年には同153円（国有鉄道平均同156円）、大正14（1925）年には同178円と、飛躍的に増加しました。その一方で、竣工から30余年しか経たないものの、橋台・橋脚の沈下、損傷が著しくなり、輸送能力上の制限が大きくなってきました。そのため、新たな橋梁を架設し複線化とすることになりました。
　複線化にあたっては、橋桁を、単線を2連とするのか、複線1連とするのか検討されました。総工事費、事故発生時、地震時、輸送上の要求、改良費予算の割当などの観点から総合的に検討した結果、まず単線を架設し、交通量を見て所要の時期までに残り1線を架設することになりました。

　もう1点、工学的観点から、基礎工を現橋と同じオープンケーソン工法とするのかニューマチックケーソン工法とするのか検討されました。木曽川・揖斐川の洪水の性質、地盤状況、洪水期の洗堀、堤防（バックウォーター）との関係、経済性など多方面からの検討の結果、工事費は高くなるものの、最も確実安全にして迅速に施工することができるニューマチックケーソン工法を採用することとしました。また、ニューマチックケーソン工法を採用すれば、底版拡幅により鉛直荷重支持能力を増加することが可能となり、より安全性を向上することとができました。ニューマチックケーソン工法は関東大震災の復興事業である永代橋や清州橋などでも採用された、当時の最先端の技術でした。

　こうして、関西線揖斐川・木曽川橋梁は昭和元年8月に各種の準備計画が終わり、木曽川橋梁から工事着手し、昭和3（1928）年10月に揖斐川新橋梁も完成しました。これらの橋梁は、3代目が完成する昭和54（1979）年まで、供用され続けました。
　なお、昭和3年に役目を終えた初代橋梁は、その後昭和5（1930）年に伊勢電気鉄道に払い下げされ、それを引き継いだ関西急行電鉄が補強して昭和13（1938）年6月26日に新たな1歩を踏み出すことになりました。そして、昭和34（1959）年9月まで現役でいました。

2代目木曽川橋梁の仮桟橋上部工の架設（提供：土木学会附属土木図書館）

2代目揖斐川橋梁の架設完了。迫る洪水期に向け仮桟橋を撤去。（提供：土木学会附属土木図書館）

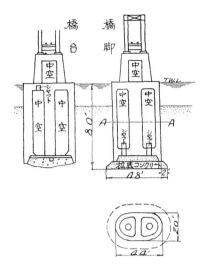

2代目木曽川橋梁 下部工断面図：（左）橋台、（右）橋脚
（提供：土木学会附属土木図書館）

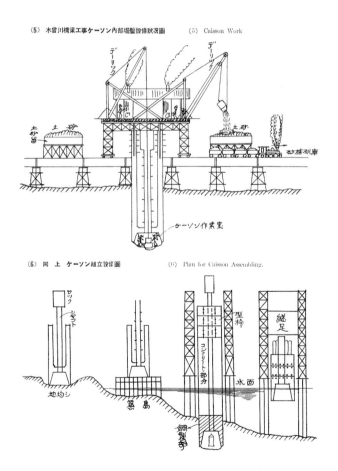

（5）木曽川橋梁工事ケーソン内部掘鑿設備状況圖　　（5）Caisson Work

（6）同　上　ケーソン組立設備圖　　（6）Plan for Caisson Assembling.

2代目木曽川橋梁：（上）ケーソン内部掘削設備状況図、（下）ケーソン組立て設備図
（提供：土木学会附属土木図書館）

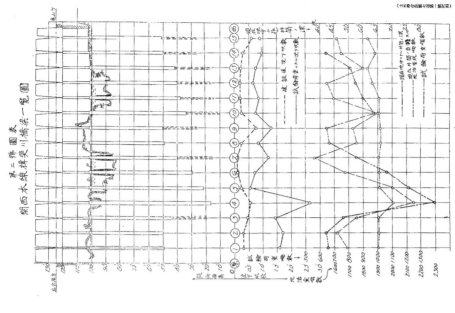

第三號圖表 關西本線揖斐川橋梁一覽圖

初代揖斐川橋梁一覽図

折れ線は、建設後の沈下フィート数、試験荷重による沈下
フィート数、現在地中にある井筒の深さ、現在井筒が負担する
死活荷重総トン数、試験荷重トン数を示す
（提供：土木学会附属土木図書館）

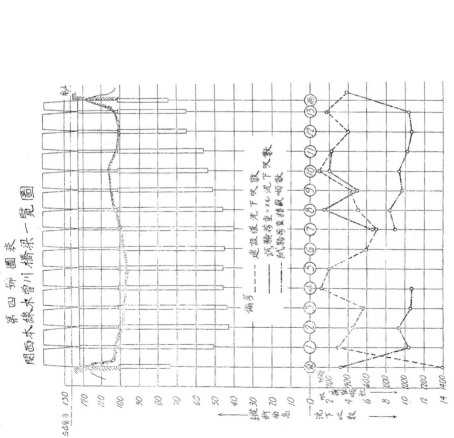

第四號圖表 關西本線木曾川橋梁一覽圖

初代木曾川橋梁一覽図

折れ線は、建設沈下フィート数、試験荷重による沈下フィート数、試験荷重積載
トン数を示す。
（提供：土木学会附属土木図書館）

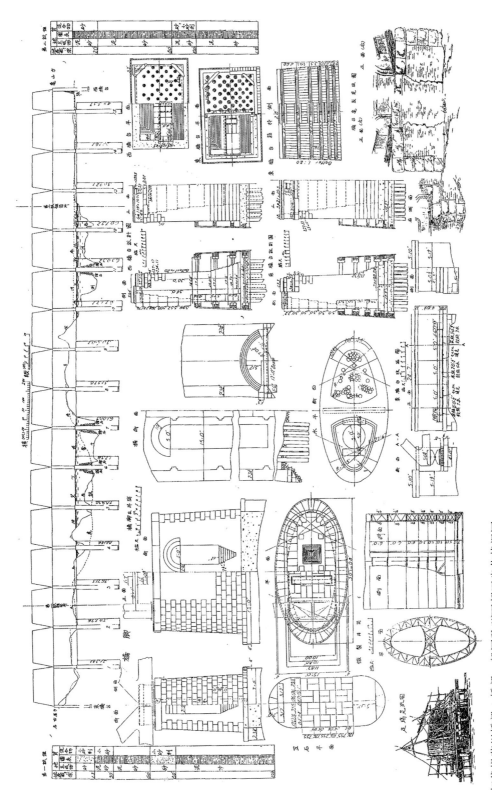

初代揖斐川橋梁：橋梁一般図及び下部工劣化状況図
（提供：土木学会附属土木図書館）

揖斐長良川橋梁 （近鉄名古屋線）

近鉄　揖斐長良川橋梁

　JRと近鉄が並走する桑名〜名古屋間。どうして、と思ったことはありませんか？近鉄（当時は伊勢電気鉄道）は当初、もっと海岸側を通るルートで免許を受けていました。しかし、JR（当時の鉄道省）から揖斐川橋梁、木曽川橋梁の払い下げを受けて、木曽三川架橋の大幅なコストダウンを図ることにし、免許変更をしたのです。そのため、木曽三川架橋部はJRと近鉄が並走することになり、結果的に名古屋までが、ほぼ並走することなりました。

　現在の橋梁は2代目で、伊勢湾台風の直前に完成した59歳の橋です。

場　　所	桑名市長島町西外面 〜桑名市上之輪新田
上部形式	ワーレントラス橋
基礎形式	ニューマチックケーソン
完 成 年	昭和34年9月19日

伊勢電気鉄道から桑名～名古屋間の免許を譲り受けて昭和11（1936）年1月に設立された関西急行電鉄は、同年12月上旬、同区間の建設工事に着手しました。難工事と目された揖斐川、長良川、木曽川への架橋については、伊勢電気鉄道時代に鉄道省から払い下げを受けた橋梁を補強して用いました。そして、ついに昭和13（1938）年6月26日に桑名～関急名古屋間が開業し、これにより大阪～名古屋間が結ばれたのでした。しかし、江戸橋～名古屋間は狭軌、上本町～江戸橋間は標準軌であり、直通運転はできていない状況でした。そこで、同年12月6日、7日に、約900名を動員し、江戸橋～伊勢中川間13.4kmを標準軌から狭軌に改築。これによって名古屋～伊勢中川が狭軌、大阪～伊勢中川～宇治山田が標準軌となり、伊勢中川が乗換駅となったのでした。

　ところで、揖斐・長良橋、木曽川橋の2橋梁は明治28（1895）年に関西鉄道によって建設され、昭和5（1930）年に伊勢電気鉄道に払い下げられたものでした。建設以来60年余を経過しており、数次にわたって補強工事を重ねるとともに、50km/hの速度制限を講じてきました。昭和31（1956）年8月に実施した調査では、基礎・構造とともに老朽化が指摘されていました。そのため、これらを架け替えすることとなりました。

　昭和32（1957）年7月に、名古屋線改良事務所が開設され、10月に木曽川橋梁から着工しました。木曽川橋梁の基礎工事には、30m以上掘り下げることが可能であるニューマチックケーソン工法を採用しました。一方、揖斐・長良川に架かる揖斐川橋梁に関しては、昭和4（1929）年に国鉄が関西本線の将来の複線化に向けて基礎ケーソンを建造したものの、複線化の機運がなく、未使用となっていたため、その払い下げを受け、大幅な工事期間短縮を図りました。昭和34（1959）年11月の供用開始を目指して工事は順調に進められ、揖斐川橋梁は9月19日に、木曽川橋梁は26日にそれぞれ竣工、予定より2ヶ月早い完成でした。が、このことが期せずして歴史的決断を導く要因となったのでした。

　この木曽川橋梁、揖斐川橋梁の架け替えと並行して、積年の懸案であった大阪～名古屋間の軌間統一へ大きな一歩となる名古屋線狭軌拡幅計画が、昭和33（1958）年10月13日、取締役会で決定されました。名古屋線、鈴鹿線の単線延長にして約180kmを一挙に標準軌にする、我が国で前例のない大規模工事でした。完成予定を昭和35（1960）年2月中旬、総工事費を約22億円とし、昭和33（1958）年11月4日、枕木の交換工事から着手されました。綿密な計画のもと、万全の体制を整えて踏み出したのでした。しかし、その前途には人知を超えた奇禍が待ち構えていることを、その時点では誰も知る由もありませんでした。

　昭和34（1959）年9月26日、伊勢湾台風（台風15号）が東海地方を直撃したのです。鉄道被害も甚大であり、特に名古屋線の桑名以東の線路水没をはじめ、全線にわたって道床・路盤の流失、電柱・建物の倒壊など著しい被害が発生しました。佐伯社長は「今ここでかねてのゲージ統一の計画を実現しよう」と高らかに宣言し、「どうすればできるかを考えろ。衣冠束帯は問わない。知恵あるものは知恵を出せ」と重役陣に述べました。そして、建設省による冠水地区の排水作業の終了とともに、11月19日から名古屋線軌間拡幅工事を開始しました。伊勢中川～近鉄長島間を8工区に分け、連日千数百人を動員して工事を実施、11月27日に竣工。わずか9日間で名古屋線軌間拡幅工事を完了したのでした。そして、その2週間後の12月12日、「ビスタカー（2代目ビスタカー10100系）」が名阪直通特急の営業運転を開始したのでした。

この乾坤一擲の挑戦は「禍を転じて福となす」の発想から実行されたもので、積年の悲願を達成するとともに、未曽有の災害を克服し、将来の発展への強固な基礎を築き上げたのである、と「近畿日本鉄道百年のあゆみ」に記載されています。まさにその通りであると私も思います。
　ピンチ　イズ　チャンス　！！

近鉄木曽川橋梁：(左) 工事中の下部工、(中) 国鉄橋梁、(右) 初代近鉄橋梁
(提供：北山敏和氏)

近鉄木曽川橋梁：完成した下部工
(提供：桑名市立中央図書館「昭和の記憶」事業)

　木曽三川鉄橋の移り変わり

　JR関西線の鉄橋は3代目、近鉄橋梁は2代目です。これまで幾度か架け替えられましたが、その都度ルートが少しずつ変わっています。その名残を、今も見ることができます。

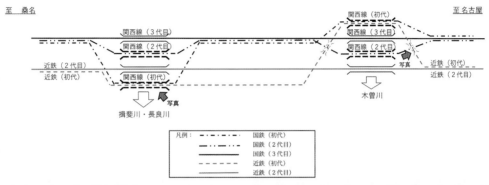

これまでのルートの移り変わり

旧近鉄橋脚基礎跡：国鉄から払い下げを受け使用していた橋梁の基礎工が今も残っています。

旧近鉄橋梁跡：近鉄は左側の国鉄（現JR）を跨いでいました

明智川拱橋 （三岐鉄道　北勢線）

明智川拱橋橋（提供：北勢線事業運営協議会）

　明智川拱橋（めがね橋）は、大正5（1916）年に完成した、コンクリートブロックを積んだアーチ橋です。3つのアーチが並び周辺の風景に溶け込んだ美しい橋です。この橋は、後述するねじり橋とともに、「供用中の数少ないコンクリートブロックアーチ橋であり、美しい曲線美を描き当時の技術水準の高さを示す貴重な構造物である」として、平成21（2009）年度に土木学会選奨土木遺産に選ばれました。人気の撮影ポイントとなっています。

クリスマス列車アップ写真

クリスマスバージョン列車

場　　　　所	いなべ市員弁町下笠田
橋　　　　長	24.1m
上部形式	コンクリートブロック製アーチ橋
開 通 年	大正5年8月6日

六把野井水拱橋（三岐鉄道　北勢線）

六把野井水拱橋（提供：北勢線事業運営協議会）

　六把野井水拱橋（ねじり橋）は、大正5（1916）年に完成した、コンクリートブロックを積んだアーチ橋です。この橋はその字のごとくアーチがねじれた形となっています。この橋は前述の明智川拱橋とともに、「供用中の数少ないコンクリートブロックアーチ橋であり、美しい曲線美を描き当時の技術水準の高さを示す貴重な構造物である」として、平成21（2009）年度に土木学会選奨土木遺産に選ばれました。

盾状迫石

ねじりアップ写真

場　　所	いなべ市員弁町下笠田
支　間　長	9.14m
上部形式	コンクリートブロック製アーチ橋
開　通　年	大正5年8月6日

桑名市、東員町、いなべ市。これら市町を縦断し、地域住民の貴重な足となっているのが、三岐鉄道北勢線です。その線路幅は極めて狭いナローゲージ。近鉄の1,435mmに対して約半分の762mmしかありません。昔はこの線路幅の鉄道が多くあったものの、今では全国に北勢線を含めて3路線のみです。平成26（2014）年に満100歳を迎え、地域の人々に愛され走り続ける、歴史ある貴重な鉄道といえるでしょう。

　この鉄道の歴史は古く、大正元（1912）年8月に北勢鉄道として創設されたのが始まりです。明治43（1910）年に軽便鉄道法が公布されると、員弁川沿線の各町村間に鉄道敷設の気運が高まり、明治45（1912）年に、富田軽便鉄道との免許取得合戦に勝ち、同年8月に北勢鉄道株式会社が設立されたのでした。軽便鉄道法は私設鉄道法に対し大幅に規制を緩和した、条文8条の民間による鉄道整備を促進させる法律でした。

　大正3（1914）年に軽便鉄道として大山田（現在の西桑名）〜楚原間14.5kmが開業、翌年大正4（1915）年に桑名町（後の桑名京橋）〜大山田間0.7kmが、更に翌年大正5（1916）年には楚原〜阿下喜東（後の六石）間4.6kmが開通しました。阿下喜東〜阿下喜間は山間の険しい位置にあったため、この間の1.4kmの開通は昭和6（1931）年となりました。また同時に、全線が電化されました。その後、昭和36（1961）年に京橋駅を廃止し西桑名駅を始発としましたが、桑名駅前再開発事業により昭和52（1977）年5月に西桑名駅は現在地に移転しました。

　昭和40（1965）年から近畿日本鉄道が事業者となりましたが、経営上の問題から、平成12（2000）年に当路線の廃止を打ち出しました。沿線住民の生活の足を確保するため、沿線の市町と鉄道事業者が知恵を出し合い、沿線市町の資金等援助、鉄道用地の市町への有償譲渡、鉄道施設の三岐鉄道への無償譲渡などにより、平成15（2003）年4月1日から三岐鉄道による新たな北勢線が出発しました。これは、北勢線をただ単に延命存続させるのではなく、リニューアルして新たな出発を意味するものです。この甲斐があって、平成17（2005）年から乗車人員は概ね上昇傾向に転じています。

　さあ、みんなで乗って残そう、北勢線！！

標準軌、狭軌、ナローゲージが並ぶ全国唯一の撮影ポイントここにあり！！（合成写真）
（提供：北勢線事業運営協議会）

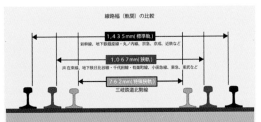

近鉄・JR・北勢線　線路幅比較図
（提供：北勢線事業運営協議会）

めがね橋施工時写真（提供：北勢線事業運営協議会）

ねじり橋施工時写真（提供：北勢線事業運営協議会）

跨線橋（提供：北勢線事業運営協議会）

ねじり橋橋歴板

土木遺産銘板

揖斐川水管橋（三重県企業庁）

揖斐川水管橋

　揖斐川水管橋は、三重県北伊勢工業用水道の第二期事業として、長良川の水を利用するため、揖斐川に架けられた橋梁です。径間長が約60mと長大となり、形式はランガー橋が最も適しているとなりましたが、ランガー形式の水管橋は、当時においてはほとんど採用されていませんでした。このため、設計について広く斯界の学識経験者の意見を採り入れるために、設計示方を与えた設計付きの工事請負入札を実施しました。昭和35（1960）年度に工事着手し、昭和37（1962）年3月に工事完成。同年5月から一部給水を開始しました。

揖斐川水管橋　正面

場　　　所	：桑名市長島町松之木 　～桑名市多度町南之郷
橋　　　長	：574m
上部形式	：単純ランガー桁、パイプビーム桁
基礎形式	：鋼管杭
完　成　年	：昭和37年3月

近年、夜景クルーズでも人気を博している四日市コンビナート工場萌え。このコンビナートを支えているものの一つが「水」。そう「水」は、私たち人間をはじめとする全ての動植物や工業製造に不可欠な命の源です。

四日市コンビナートの夜景
（提供：四日市港管理組合）

　四日市市を中心とする北勢地域の臨海部は、古くから紡績を主とする工場が立地し、昭和30年代頃からは石油化学コンビナートが形成され、全国でも有数の工業地域に発展してきました。工業の発展に伴い、工業用水の需要は急増し、三重県では昭和28（1953）年に四日市工業用水道の建設に着手し、昭和31（1956）年4月から給水を開始しました。その後、北伊勢工業用水道第一期事業から第四期事業に至るまで増設を重ね、一日当たりの給水能力は840,000㎥となり、現在、69社80工場に給水しています。

　ところで、供用後、昭和37（1962）年10月9日に海水が取水所付近へ遡上し、塩分が混入していることが判明しました。そのため、このままだと工場へ給水することができないため、原因調査を行いました。その結果、①この地帯は国内有数の地質学的沈降地帯であること、②伊勢湾潮位が上昇していること、③伊勢湾台風復旧事業に伴う河床掘削による河床低下の影響であると分かりました。そのため抜本的対策として、既設の千本松原取水場から5.8km上流の岐阜県海津町森下の河川敷内に内径6m、高さ13mの集水井を設け、そこから取水することとなりました。この森下からの取水は、海水の遡上を止めることができる長良川河口堰が完成するまで続きました。

　このようにして、揖斐川水管橋により運ばれた水は、幾多の困難を乗り越えながらも、今日も四日市のコンビナート等多くの工場を支えているのです。

揖斐長良川水管橋 （三重県企業庁）

揖斐長良川水管橋

　揖斐長良川水管橋は、三重県北伊勢工業用水道第四期事業として、揖斐川、長良川に架けられた橋梁です。この水管橋は東名阪自動車道と同じ下部工を使用しています。当初計画では、水管橋と道路橋は渡河地点が別々に計画されていましたが、地元や河川への影響などを考慮の上、同じ場所で渡河することとなりました。

揖斐長良川水管橋　下から

場　　　所	桑名市長島町千倉 〜桑名市下深谷部
橋　　　長	994m
上部形式	単純ランガー桁、パイプビーム桁
基礎形式	ニューマチックケーソン
完　成　年	昭和49年5月

北伊勢臨海工業地帯は、昭和40年代に入り高度経済成長を反映して、既存工場の設備投資及び工場立地が活発になり、これら新旧工場の水需要が増大しました。更に、四日市市霞ケ浦に巨大な石油化学コンビナートが建設されることになりました。そのため、これら水需要に対処するため、木曽川総合用水事業に水源を求め、工業用水道を建設することになりました。

　この水を三重県に通水するためには木曽三川を渡らねばなりません。そこで、揖斐川、長良川に架けられた水管橋が揖斐長良川水管橋です。同時期に近接して計画されていた東名阪自動車道の橋梁と下部工を兼用することにより、河川への影響やコスト縮減を図ることとしました。そして下部工は、日本道路公団施行の東名阪自動車道建設事業との共有工事として、同公団に施工を委託しました。その経費は、水管橋と道路橋の上部工設計荷重比（水26.8：道73.2）により負担し、橋台、橋脚及び用地は三重県企業庁と日本道路公団との共有財産としました。

　上部工の架設は、組み立てヤードで１スパンに組立てた橋を、ステージング架設と起重機船による１スパン同時相吊架設の２つの工法により施工しました。水管橋は、昭和47（1972）年10月から工事着手し、昭和49（1974）年５月に完成しました。

　その後、全体計画の１/２に相当する施設が完成となった昭和52（1977）年３月に一部給水開始しました。昭和48（1973）年のオイルショックにより水需要が当初計画よりも停滞し、それを考慮しながら施設整備を進めたようです。

揖斐長良川水管橋　耐震補強

揖斐川水管橋　橋歴板

橋のエトセトラ

橋 梁 説 明 図

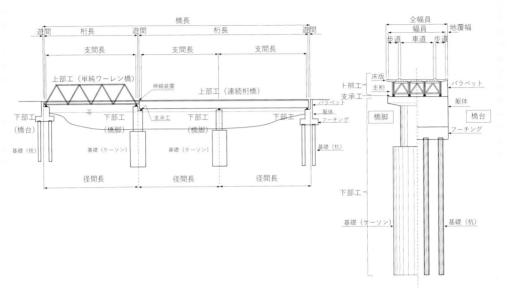

上部工：人や車、列車、水などを、通し渡す構造物
　床版：主桁に支えられている、人や車、列車などの荷重を直接受ける構造物
　主桁：死荷重(自重や床版など)、活荷重(人、車、列車、水など)を受け持つ構造物
下部工：地盤から上部工を支える構造物
　橋台：橋の両端にある下部工
　橋脚：橋台の間にある下部工
基礎工：上部工から作用する荷重を信頼できる地盤に伝達、支持させる構造物。直接基礎、杭基礎、ケーソン基礎などに大別される。
支承工：上部工の荷重を下部工に伝える装置
支間長：支承と支承の間の長さ
径間長：下部工と下部工との間の長さ。橋台はパラペット前面から、橋脚は構造中心からの長さとなる。
遊　間：主桁と隣接する主桁あるいはパラペットとの間の隙間。温度変化などによる主桁の伸縮を吸収。
伸縮装置：遊間に設けられる装置。気温の変化による桁の伸縮や、車両等の通行に伴う桁の変形を吸収し、車両等の円滑な通行を確保する。
単純桁：一つの径間のみに架かる主桁
連続桁：複数の径間に連続して架かる主桁

＜参考＞
ケーソン基礎
　　　　オープンケーソン　　　　　　地上で構築したケーソン本体の中空内部を掘削しながら沈下させる基礎工。地下
　　　　　　　　　　　　　　　　　　水が多い地盤や軟弱な地盤では水や泥が作業箇所に流入し、掘削作業が非常に困
　　　　　　　　　　　　　　　　　　難になる。
　　　　ニューマチックケーソン　　　オープンケーソンの下部に作業室を設け、その中に圧縮空気を送り込み、気圧の
　　　　　　　(潜函工法)　　　　　　高い状態にすることにより、水や泥などの流入を防止して掘削し沈下させる基礎
　　　　　　　　　　　　　　　　　　工。

橋梁概要

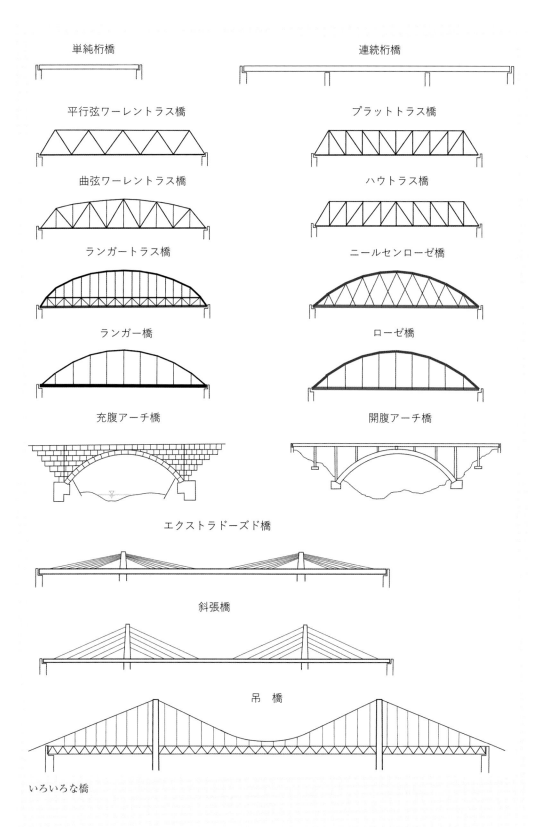

単純桁橋　　　　　　　　　　　　連続桁橋

平行弦ワーレントラス橋　　　　　　プラットトラス橋

曲弦ワーレントラス橋　　　　　　　ハウトラス橋

ランガートラス橋　　　　　　　　　ニールセンローゼ橋

ランガー橋　　　　　　　　　　　　ローゼ橋

充腹アーチ橋　　　　　　　　　　　開腹アーチ橋

エクストラドーズド橋

斜張橋

吊　橋

いろいろな橋

コラム8　どうすればできるのか？

　木曽三川を渡る、国鉄関西線の初代橋梁（1895年～1959年）、２代目橋梁（1927～1979年）及び、国道１号の尾張大橋（1933年～）、伊勢大橋（1934年～）は、それらの基礎は、固い地盤に達してなく、軟弱な地盤の中で浮いている状態にあります。当時の技術では、地表面から約50m以深にある固い地盤まで基礎を到達させることができなかったのです。しかし、底版を拡幅させることにより支持力を増大させたり、基礎工の躯体内部に中空部を設けることにより重量を減じたりして、これまでの経験と知恵をもって安全性能を向上させました。技術者として、「できない」のでなく、「どうすればできるのか」、といった技術者魂を私たちに諭しているように思わずにいられません。

揖斐長良川橋梁 （昭和３年竣工）	伊勢大橋 （昭和９年竣工）	新伊勢大橋 （施工中）

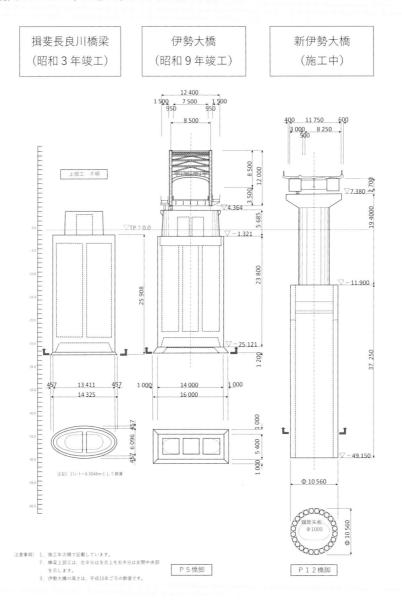

Ⅳ. 川

川……
　　山と海とをつなぐ
　　人と人とをつなぐ
　　豊かな風土と文化をはぐくむ
　　多様な自然と生物のすみか
　　多くの恵みをもたらす
その一方で
　　一瞬にして命や財産をおしながす
　　一たび機嫌を損なうと　なかなか元にもどらない

古来日本人は　川を尊び　川と共に生きて来た
明治維新から150年
私たちが手に入れたこの物的豊かさ
その一方で失った数々のもの
川は黙って　見つめている
川は黙って　今日も流れている

　　　　① 宝暦治水
　　　　② 明治河川改修
　　　　③ 堤防整備の歴史
　　　　④ 魚のネどコ

宝暦治水

長良川大橋から望む千本松原

　江戸時代に幕府の命により薩摩藩が多くの犠牲者と費用をかけて成しえた木曽三川の治水工事が宝暦治水です。工事は４つの区域に分けて行われましたが、特に困難を極めたのが、油島の締切工事です。この工事後、薩摩藩がこの油島の締切堤防に植えた「日向松」が成長したのが、千本松原です。この千本松原には治水神社や数々の顕彰碑があり、宝暦治水のシンボルの地となっています。

宝暦治水の主な工事箇所跡

千本松原の散策路

60

宝暦3（1753）年12月25日、幕府が薩摩藩に美濃、伊勢、尾張の緒川の治水工事を命じたことに始まる宝暦治水。薩摩藩主島津重年は家老平田靱負を総奉行に任命し、役館を養老郡池辺村大牧に置き、多額の工事費を負担して工事に着手しました。工事は壱之手から四之手の4つの地域において、それぞれ2期に分けて行われました。第1期工事は宝暦4（1754）年2月27日に始まり、出水期の夏季を避け、5月22日に終了しました。この工事箇所は、緊急に治水工事が必要とされた箇所で、前年の台風による被害の箇所が主でした。第2期工事は油島の締切堤防などの河川を改修する工事で、多くの犠牲者を出した工事です。9月21日に始まり翌年3月28日に終了し、幕府役人による普請箇所の検分が4月16日から5月22日まで行われました。その3日後の5月25日に総奉行平田靱負はその生涯を終えたのでした。この工事において、947名もの薩摩藩士が遠く離れたこの地に赴き、そのおおよそ1割もののの藩士がこの地において亡くなりました。

　それから約150年後、明治33（1900）年4月22日、油島千本松において、「宝暦治水顕彰碑」の建碑式が行われ、三川分流成功式を終えた山県有朋総理大臣等の参加のもと、宝暦治水の偉業を称えました。また宝暦治水250年となる平成16（2004）年4月25日には、海津町油島にある治水神社において薩摩藩士の顕彰式が執り行われ、犠牲者の冥福を祈るとともに、亡くなった93名の名を刻んだ碑の除幕式が行われました。

　ところで、この宝暦治水のことは明治初期まで、国民にあまり知られていませんでした。この薩摩藩士の事績発掘と顕彰活動に大きな役割を果たした者の一人として、桑名郡多度村の西田喜兵衛を忘れてはなりません。西田家は代々庄屋を務める名家であり、宝暦治水では、自ら進んで薩摩藩士等を宿泊させるなど、協力を惜しみませんでした。西田家の家訓として代々「薩摩藩の恩、忘れべからず」と伝えられてきましたが、残念なことに、家宝は明治9（1876）年の伊勢暴動の災禍に遭って焼失してしまいました。これらのことが、11代西田喜兵衛の、義士顕彰、治水碑建設の発願となったと言われています。

　治水神社は、平田靱負を祭神とし、昭和13（1938）年5月25日に創建されました。治水の神、国土を守る神として、日本全国から参詣する人々が訪れます。また、昭和28（1953）年5月25日には神社裏にある宝暦治水観音に平田以外の位牌に対して入仏式が行われました。

　宝暦治水が、流域の洪水被害の低減に大きく役立ったかどうかは定かではありません。しかし、幕府の命と言えども、遠く離れた人々のために命を懸けて工事をやり遂げたという事実を、私たちは決して忘れてはならないと思います。
　現在、桑名市内にある薩摩藩士の墓地は、海蔵寺に24基、常音寺に1基（5人）、長寿院に3基、長禅寺に1基あり、平田靱負の墓のある海蔵寺では毎年5月25日に平田靱負の法要が行われています。

治水神社：宝暦治水の総奉行であった平田靱負を祭神としています

治水神社社名碑：日露戦争の日本海海戦で有名な、東郷平八郎元帥の筆です。

宝暦治水観音堂：平田靱負以外の犠牲者を祀っています

宝暦治水之碑：明治33年に宝暦治水顕彰のため、多度の西田喜兵衛らの尽力により建てられました

宝暦治水工事犠殁者碑：平成16年に宝暦治水250年を記念して海津市の宝暦治水史蹟保存会により建てられました

千本松原を愛する会の活動「育て松」：千本松原を後世に残すため、松ボックリから二世松を育てています

コラム9　四刻八刻十二刻

　木曽三川の洪水の状況を表す言葉として、古くから言い伝えられてきたのが「四刻八刻十二刻」です。雨が降り始めてから洪水になるまでの時間が、揖斐川では四刻（8時間）、長良川では八刻（16時間）、木曽川では十二刻（24時間）かかるという意味です。つまり、降雨は概ね西から降り始め、木曽三川の輪中地帯は、揖斐川の洪水が終わるころに長良川の洪水が、それが終ると木曽川の洪水というように、長時間にわたって洪水に苦しめられてきたことを表現しています。

　木曽三川下流域は図のように東高西低の地形となっていて、木曽川、長良川、揖斐川の順に低くなっています。三川が入り乱れて一本の川のように流れていた下流域では、洪水が高い川から低い川へ流れるため、いつまでたっても洪水が治まらない現象をつくり出していました。

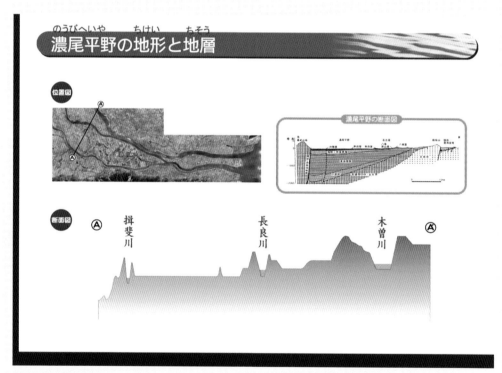

木曽三川の断面図
（出典：木曽川下流河川事務所　木曽川文庫　中村稔　平成20年度多度北小学校創立百周年記念講演資料）

明治河川改修 ～整備計画～

木曽三川分流計画図
（提供：木曽川下流河川事務所）

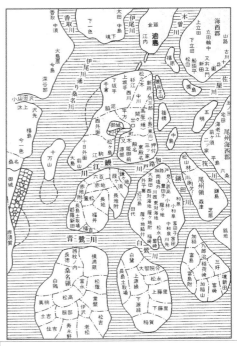

青鷺川、鰻江川の水路は、明治改修が始まり三川が締め切られるまで大いに利用され、明治1～2年にかけて明治天皇は三回にわたって鰻江川を通船している。

明治河川改修以前の油島、桑名、長島、木曽岬
（出典：「木曽三川治水百年のあゆみ」
建設省中部地方建設局）

　明治政府は、国土の安全度を高めるために治水事業を積極的に推進しました。この木曽三川も、明治河川改修によりその安全度が格段に高まりました。

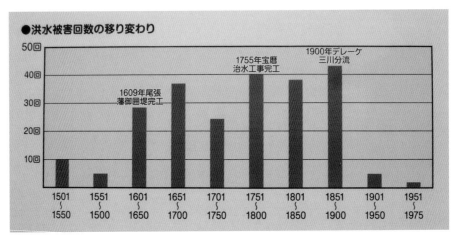

災害被害件数
（出典：木曽川下流河川事務所）

明治政府は河川や港湾の工事を行うため、オランダから10人の技師団を招きました。当時オランダは世界でもっとも優れた水工事技術を持っていました。その一人ヨハニス・デ・レーケは明治6（1873）年に31歳で来日し、明治36（1903）年までの30年間滞在し、この間に残した功績は大きく、日本の河川・港湾事業の近代化に一生を捧げたと言えるでしょう。

　明治10（1877）年11月19日付けで政府はデ・レーケを主任として、木曽川改修の調査にあたらせることにしました。明治11（1878）年2月23日から3月7日まで木曽三川流域を山から海までじっくりと調べて回り、そのわずか1か月後に、「木曽川下流概説書」として調査結果をまとめました。

　明治17（1884）年10月6日、明治政府から「木曽川改修工事計画立案」の命を受け、オランダ人技師デ・レーケが中心となって作成した改修計画の基本が次の3点です。
①　洪水を防御する
②　輪中内の排水を改良する
③　船運搬を改善する

　そして、この基本に基づいて具体的事業として次の9つが示されました。
①　木曽三川を完全分流する
②　佐屋川を廃川にする
③　立田輪中に木曽川新川を開削する
④　高須輪中に長良川新川を開削する
⑤　水門川、牧田川、津屋川の揖斐川への合流点を引き下げる
⑥　長良川の派川である大縛川、中村川、中須川を締め切る
⑦　油島洗堰を完全に締め切る
⑧　木曽川と長良川を結ぶ閘門を設ける
⑨　木曽川、揖斐川の河口に導水堤（現在は導流堤といいます）を設ける

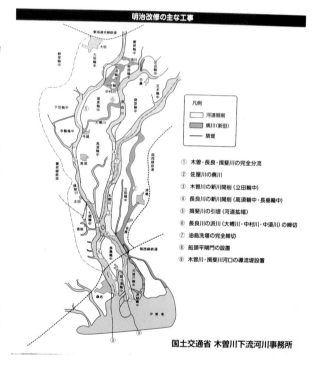

明治改修の主な工事

凡例
　河道掘削
　廃川（新田）
　築堤

① 木曽・長良・揖斐川の完全分流
② 佐屋川の廃川
③ 木曽川の新川開削（立田輪中）
④ 長良川の新川開削（高須輪中・長島輪中）
⑤ 揖斐川の引堤（河道拡幅）
⑥ 長良川の派川（大樽川・中村川・中須川）の締切
⑦ 油島洗堰の完全締切
⑧ 船頭平閘門の設置
⑨ 木曽川・揖斐川河口の導流堤設置

国土交通省 木曽川下流河川事務所

　明治20（1887）年から明治45（1912）年まで、第一期工事から第四期工事まで、25年を費やして三川分流工事が行われ、木曽三川はほぼ現在の姿になりました。この桑名の地においても、多くの土地が川の中へと消え去りましたが、この工事でつくられた施設は、現在でも重要な働きをし、私たちの安心・安全の要となっています。

明治河川改修〜背割堤防〜

治水タワーから望む揖斐長良川背割堤防（提供：木曽川下流河川事務所）

　背割堤防とは、合流する２つの川を、堤防により２つに分流する堤防のことです。荒れ狂う木曽三川を分流することは長年の地域住民の悲願でした。

　明治32（1899）年11月、小藪から成戸の締切工を始めとして、順次他の３箇所の締切を行い、明治33（1900）年２月、油島から上坂手の工事を最終として三川分流を完了しました。そして、明治33（1900）年４月22日には、三重・岐阜・愛知三県による合同の三川分流成功式が、岐阜県成戸の堤防上で、山県有朋総理大臣をはじめとする政府高官、三県知事ほか1,000余名におよぶ多数の名士が出席し、盛大に行われました。

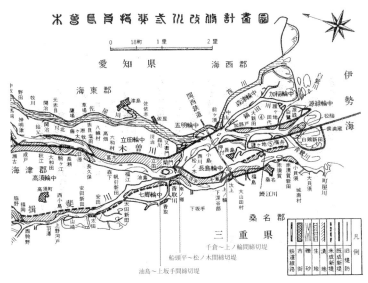

締切堤防位置図
（出典：「木曽三川治水百年のあゆみ」建設省中部地方建設局）

締切工事は、秋の出水期後に着工しました。あらかじめ新川に通じる低水路を開削して、これに通水した後、締切線の下流に箕猪子（美濃特有の水制）を置きました。そして、新川に流入する水量を増加させ、両岸から一斉に土砂を投入しました。中間に余すこと約54mになったとき、下流に更に猪子を入れて土砂の流亡を防ぎ、締切線に約60cmおきに2列の杭を打ちました。そして、その間に土俵及び石俵を上・下流双方から速やかに投入し水切りを完了した後、引き続き土砂を投入して締め切りました。

　ただし、油島の締切堤は、他のものに比べて延長も長く、洗堰に沿った本流の深い澪へ築造するため、あらかじめ猪子で多数の上向き仮水制を出し、自然に流下する土砂を堆積させ、築堤を行いました。各締切堤の堤脚には保護の目的で杭柵工し、それより法高3.6～5.4mに至る高さまで、柳篭による覆工を施工しました。

　馬踏は幅約7.2mで、表法を2割ないし4割、裏法を2割に築造し、表裏を問わず必要に応じて大小の小段を設けました。

背割堤防（提供：木曽川下流河川事務所）

明治河川改修〜木曽川・揖斐川導流堤〜

揖斐川導流堤

　導流堤とは、河口部において川の流れが弱まり土砂が堆積するのを防ぎ、水深を維持するために設けられた堤防のことです。木曽川、揖斐川においてそれぞれ右岸側に導流堤が明治の河川改修で施工されました。建設当時は土堤の区間と石堤の区間がありましたが、土堤の区間はその後堤防となり、現在は石堤の区間が残っています。

木曽川導流堤

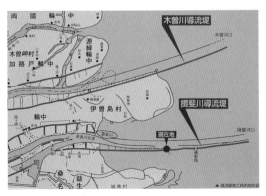

揖斐川・木曽川導流堤　平面図
（出典：木曽川下流河川事務所）

木曽川導流堤は、明治20（1887）年4月1日に伊曽島村横満蔵から着工し、明治23（1890）年10月に全工事が竣工しました。全長4,733mで、横満蔵から陸地側1,839mは土堤、海側2,894mは石堤となっています。石堤基礎全体にわたって、川面（河道側）には幅5間（9.1m）、川裏には幅3間（5.5m）の粗朶沈床を設置しています。その後土堤部分は松蔭新田として開墾され陸地となったため河川堤防に改築し、石堤部分のみが導流堤としてその機能を発揮しています。

　一方、揖斐川導流堤は当初計画には無く、揖斐川河口部は浚渫のみで対応する計画でした。しかし、明治24（1891）年の濃尾地震で揖斐川河口部の河床が上昇したため、明治38（1905）年に、揖斐川導流堤の築堤が認められ、明治39（1906）年11月に着工し、明治42（1909）年度に完成しました。木曽川導流堤と同じく、土堤と石堤から成り、土堤が2,673m、石堤が2,865mで、通舟路（幅10m）を起点から3,704mの位置に設けました。揖斐川導流堤も、土堤部分は城南干拓地として埋め立てられ河川堤防に改築され、現在は石堤部分のみが残っています。なお、城南干拓は昭和21（1946）年、農林省の代行干拓事業として三重県が行い、昭和33（1958）年に工事が完了しました。

　その後、高度経済成長期に入ると地下水のくみ上げにより、濃尾平野全般が地盤沈下を生じ、導流堤もその機能が低下しました。そのため、昭和50年代にコンクリートブロックにより嵩上げし、現在も当初の機能を存続しています。

　木曽川・揖斐川導流堤は、『デ・レーケによる粗朶沈床工の導流堤であり、竣工から現在までに至るまで河口部の河道維持に機能しており、旧堤体はそのままの姿をとどめている』との理由により、平成17年度土木学会選奨土木遺産に認定されました。

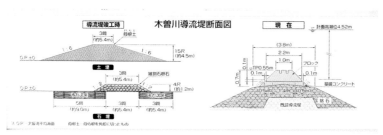

木曽川導流堤説明板（出典：木曽川下流河川事務所）

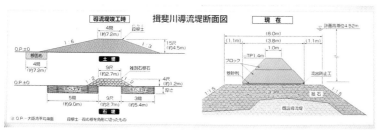

揖斐川導流堤説明板（出典：木曽川下流河川事務所）

明治河川改修 ～浚渫～

　浚渫は、新しい川の開削、旧堤防の撤去、旧川の低水敷・高水敷の掘削を行いました。その浚渫土量は約1,767万㎥にもおよび、これはナゴヤドーム14個分に相当します。浚渫土は築堤、堤内低地の埋め立てや家屋移転者の敷地地上げに利用しました。築堤に利用した土量は約949万㎥でした。

　浚渫の施工方法は主として人力で行いましたが、河口部の水中は浚渫船を利用しました。人力による浚渫は、明治20（1887）年4月から木曽川河口部から着工しましたが、この部分は潮汐によって海水が出入りするので普通の人力作業ではできず、小舟を使用したり、あるいは小堤を築いて海水の流入を防いで浚渫しました。低水路は低地の水替えをし、5尺〜6尺（約1.5m〜1.8m）掘下げるため、非常に困難な作業でした。立田輪中では水中を鋤簾で掘り下げ、土砂を小舟で堤防まで運び築堤に利用しました。

浚渫船「木曽川丸」
（出典：土木学会附属土木図書館）

　一方、河口浚渫には、オランダから購入したポンプ浚渫船「木曽川丸」が活躍しました。木曽川丸は明治19（1886）年、オランダに注文したもので、砂室は198㎥でした。浚渫土が砂質であれば30分で満載しましたが泥土だと多大な時間を要しました。木曽川丸は喫水が約3mあり、甚だ不便であったようです。当時はまだ機械浚渫の経験がなかったので、土質の適否や浚渫船の種類などを適切に判断することができませんでした。木曽川丸は明治20年度から30年度まで木曽川河口で、明治30年度から35年度まで揖斐川河口で使用されました。

　揖斐川河口浚渫では、明治40、41年度から小型バケット式浚渫船2隻を加え、明治43（1910）年10月からは、さらに九頭竜川から回航してきた大型バケット式浚渫船「福井丸」を使用しました。
　浚渫した土は、木曽川河口部では木曽川丸が自航し、遠く海中に投棄しましたが、揖斐川河口部では木曽川丸を改造し、鉄管排土法に変更し、ポンプで吸い上げた土砂を鉄管を通じて所定の捨場に排出しました。バケット式浚渫船では、土運搬船に積んで導水堤などに利用しました。

コラム10　桜堤防

　明治河川改修の完成を記念して、揖斐川右岸堤防（鍋屋堤）には諸戸清六により約１万本の桜の木が寄贈され植樹されました。桜堤防として、春には花見の名所として市民に親しまれていました。しかし、昭和34年の伊勢湾台風により壊滅的被害を受けたため、より強固な堤防とするため、これら桜は消滅しました。

　しかし、平成の桜並木が、高潮堤防改修と共によみがえりました。

いにしえの鍋屋堤　桜並木
（提供：桑名市立中央図書館「昭和の記憶」事業）

平成の鍋屋堤　桜並木

昭和以降の堤防整備の歴史

堤防整備の変遷（河口部）

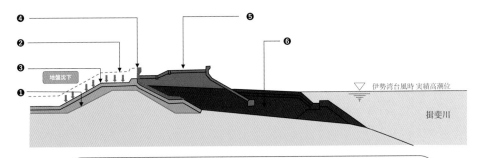

❶ 伊勢湾台風時の堤防（土堤）
❷ 伊勢湾台風復旧堤防（三面張構造）
❸ 伊勢湾台風復旧堤防（地盤沈下後の状態）
❹ パラペットの緊急嵩上
❺ 高潮堤防
❻ 堤防補強及び消波工

※ ❶〜❻は整備された順序を示します。

補足説明
1）パラペット：堤防の上に造られた壁
2）三面張構造：堤防の法面と天端を全てコンクリート等の護岸で覆った構造。
3）高潮堤防：伊勢湾台風では高潮（気圧の低下や風の吹き寄せなどにより海面が異常に上昇する現象）
により堤防が壊れ、甚大な被害が発生しました。高潮の影響が大きい区域は、高潮による
波が堤防を越えても堤防が壊れにくい三面張構造となっています。このような高潮に
よる被害を防ぐ堤防を高潮堤防といいます。
4）消波工：波を堤防の手前で弱めることで波の打上高さを軽減する施設。

昭和以降の堤防変遷図
（参考：木曽川下流河川事務所）

　明治の河川改修により洪水被害が低減された木曽三川流域ですが、まだまだ課題が残り、引き続き河川改修工事が進められました。しかし、これまでの経験・知識を越える、想像を絶する事態が発生しました。昭和34（1959）年9月26日の伊勢湾台風です。

　和歌山県潮岬に上陸した台風15号は、低気圧と激しい風による海面上昇が驚異的な高潮を発生させ、伊勢湾一帯を襲いました。いたるところで堤防が切れ、民家等は一瞬にして泥水の下となり、壊滅的な被害を受けました。これまでの河川整備は、上流から流れてくる洪水を考えていましたが、伊勢湾台風では、下流（海）から無尽蔵の海水が高潮となって堤防を襲ったのでした。
　この災害復旧では、高潮の襲来を想定した堤防としました。堤防高さは TP ＋7.5m まで高くし、また堤防の天端と法面をコンクリートで覆いました。波が堤防を越えにくくし、仮に波が堤防を越えても堤防が壊れにくい構造としたのです。この復旧工事は3年後の昭和37（1962）年度に完成しました。

　その後も予期しない事態が生じました。堤防の高さが低くなったのです。高度経済成長期に入り、濃尾平野一帯において地下水が多量にくみ上げられ、広域的な地盤沈下が生じたのでした。そのため、緊急対策としてパラペットの嵩上工事を昭和50（1975）年に始め、昭和63（1988）年に完成しました。

以降、引き続き、伊勢湾台風クラスの台風が満潮時に再来した場合でも被害が生じないよう、高潮堤防の前面に波の打上高を軽減するための消波工を整備するとともに、高潮堤防を波圧に対して十分な強度に補強する工事を進めています。

　更に、平成23（2011）年3月11日の東日本大震災における津波被害を教訓に、平成24年3月から堤防の耐震補強工事も進めています。

　このように、私たちの生命・財産を守る「堤防」は休む間もなく、我が子のごとく、常に人の手で守られ続けているのです。

コラム11　伊勢湾台風60年

洪水は、上流から流れてくる膨大な水
その昔、洪水で、堤防が切れそうになった時
対岸の堤防が切れたら、人々は喜んだという
背に腹は代えられない、人間の本性
洪水は恐ろしい
一方
高潮は、無尽蔵の海水が海岸に押し寄せる
いくら堤防が切れてもお構いなし
容赦なく、何度も、何度も高潮は押し寄せる
高潮は本当に恐ろしい
一方
津波は、ずるい
何の前ぶりもなく、音を立てず
突然現れる
想像を絶するスピードと高さが
人間の思考を途絶えさせる
見渡せば瓦礫しか残らない
津波は本当に恐ろしい
でも
僕たちは歩みつづける
自然との共存を模索しながら
一歩、一歩、進んでいく
一歩そしてまた一歩、いつまでも……
我ら　素晴らしき　なかまたち（土木施設）

木曽三川河口空中写真（提供：木曽川下流河川事務所）

木曽三川浸水写真
（撮影：陸上自衛隊　提供：中部地区自然災害科学資料センター）

桜堤防崩壊写真
（提供：桑名市立中央図書館「昭和の記憶」事業）

地蔵浸水写真
（提供：桑名市立中央図書館「昭和の記憶」事業）

上之輪復旧写真
（提供：桑名市立中央図書館「昭和の記憶」事業）

宮古市津波写真
閉伊川の防波堤を越える真っ黒に染まった波
（写真：『いわて震災津波アーカイブ～希望～』
　　　　岩手県庁 HP）

魚のネドコ ～員弁川支川災害復旧護岸工事～

ネコギギ
（写真：鹿野雄一氏）

ネコギギ
（写真：鹿野雄一氏）

国土は人間だけのものではない！！
員弁川水系の上流には絶滅危惧種のイワメ、カワノリ、
国指定天然記念物のネコギギなど
多様な自然や生物の宝庫
そこでの施設整備では
生き物との共存に向けて
今日も試行錯誤がつづく

平成30年12月の状況

平成30年12月の状況

ネコギギ※はナマズ目ギギ科の魚で、世界で伊勢湾と三河湾に注ぐ川にしか分布していないという極めて貴重な魚です。また、環境省レッドデータブックに絶滅危惧ⅠB類（EN）に指定され、また国の天然記念物にも指定されている魚です。そのため三重県では、ネコギギが生息する河川での工事では、ネコギギの生息に悪影響を及ぼさないように配慮することとしています。員弁川水系の中上流域にはネコギギが生息しており、そこでの工事では試行錯誤が続いています。

　平成29（2017）年の豪雨により護岸が崩壊し、災害復旧事業で復旧することになりました。そこで、国土交通省設楽ダム工事事務所で検討している「豊川式　魚類生息・繁殖場創出法『魚のネドコ』」を今回、三重県桑名建設事務所は試行しました。この『魚のネドコ』とは、ネコギギの繁殖場となる繁殖ユニットであり、ネコギギが生息する場所に人為的な棲みかを設けることで、ネコギギの繁殖を維持あるいは促そうとするものです。員弁川支川に設置して間もなく1年経とうとしていますが、ネコギギの繁殖に役立っているのか興味津々です。

　※ネコギギ：ネコギギ（ナマズ目ギギ科）は、伊勢湾および三河湾に流入する河川の中上流部のみに生息する日本固有の純淡水魚で、清流の象徴といわれている魚です。昭和52（1977）年に種として、平成23（2011）年には三重県の中村川が「中村川ネコギギ生息地」として国の天然記念物に指定されました。三重県は「員弁川水系ネコギギ保護増殖事業」を平成15（2003）年度から平成17（2005）年度にかけて行い、平成18（2006）年度からはいなべ市がこれを引継ぎました。この事業では、ネコギギの個体数を増加させ、河川への放流（再導入）により野生個体群を復活させることを目的としています。なお、平成29（2017）年3月31日に三重県自然環境保全条例第18条第1項の規定により、ネコギギは三重県指定希少野生動植物種に指定されました。捕獲等する場合には事前の届出が必要となり、違反すると6ヶ月以下の懲役又は30万円以下の罰金に処される場合があります。

　出典：国指定文化財等データベース（文化庁）、三重県天然記念物ネコギギ保護管理指針（2005年3月）、三重県HP、いなべ市HP

国の職員から説明を受けながら施工

　環境と土木施設との共存

　『河川整備においても、最近は環境に配慮するよう変わってきています。近自然工法アドバイザーである山脇正俊氏の著書では「スイス／チューリッヒ州やドイツ／バイエルン州では河川改修プロジェクトにおいて、土木技術者の他に景観工学家と生物（生態）学家の最低３名の参加がないとプロジェクトチームとして認められない」とあります。確かに、河川課から出された「自然に配慮した川づくりの手引き（案）」を読んでも、実際にとなると非常に難しく感じられます。』

　これは、平成13年にしたためたものですが、河川工事における景観と生態との調和は今だ道半ば、といった感じがします。

V. ダム

蛇口をひねると無限の水
多雨のこの国では、水は有り余っていると誰もが思う
でも、本当にそうだろうか
この地域でも複数のため池が今も点在する
そう、いらない時の水をため、欲しい時に使う先人の知恵
その規模を大きくしたのが "ダム"
いなべ市藤原町に、
三重県北勢地域の水がめをなす、
日本最大級のダムがあることはあまり知られていない

① 中里ダム

中里ダム（三重用水）

中里ダムと鈴養湖
（提供：独立行政法人水資源機構　三重用水管理所）

　中里ダムの堤頂長は985m、堤高46m、堤体積297万㎥、総貯水量1,640万㎥にものぼり、アースダムとしての堤体積は国内第1位、総貯水量は第6位、堤高は第7位の規模を誇ります。
　このダム湖の愛称は「鈴養湖（れいようこ）」。鈴鹿山脈と養老山地に囲まれた湖であり、また鈴鹿山脈から水を引いて、下流の人々の生きる「養い」になっていることからこのように名付けられました。

鈴養湖と取水施設

場　　　所	：いなべ市藤原町鼎
形　　　式	：傾斜コアゾーン型フィルダム
堤　　　高	：46.0m
堤　頂　長	：985.0m
堤　頂　幅	：10.0m
堤　体　積	：297万㎥
総貯水容量	：1,640万㎥
工　　　期	：着工　昭和47年3月
	完成　昭和52年3月
通水開始	：昭和59年4月

戦後、三重県北勢地方の鈴鹿山麓から伊勢湾にわたる広大な農業地帯の水田は、地区内の中小河川、ため池などを水源としていましたが、いずれも水量が乏しく安定して取水できる水源の確保にせまられていました。また山麓の畑地帯は全く水源をもたず、天水に依存せざるを得ない状況であったため、土地改良事業の実施を強く要望されていました。このような時代背景から、昭和26（1951）年10月、農林省が調査を開始し、昭和41（1966）年8月に三重用水土地改良区が設立認可を受け、昭和46（1971）年3月には三重用水事業に関する事業実施計画の認可を受けるとともに、農林省から水資源開発公団に事業継承され、いよいよ事業が本格化し、昭和47（1972）年3月に中里ダムが着工されたのでした。

　この中里ダムは三重用水の重要水源施設として、鈴鹿山脈と養老山地が接近しあった三重、岐阜両県の県境近くに計画されました。ダムで締め切った員弁川支川の砂子谷川と太平川の流域の水のほか、員弁川、河内谷川、冷川、さらに岐阜県の牧田川（揖斐川支流）からも取水し、水路で導水して貯留しています。この貯留された水は、農業用水として鈴鹿市以北の三重県北勢地域の田畑を潤すとともに、この地方の産業発展に伴う都市用水の需要が応えるため、水道用水、工業用水としても利用されることとなりました。

　ダム工事は昭和47（1972）年3月に着工以来、5年の年月を経て昭和52（1977）年3月に竣工しました。そして昭和57（1982）年1月に試験湛水を開始し、ついに昭和59（1984）年4月に農業用水を暫定通水開始したのでした。

中里ダムの石張堤

中里ダム標準断面図

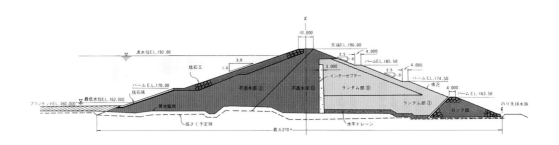

不透水層 ① ⑪
ランダム ①　　　　2,181,000m³
ランダム ⑪　　　　　385,000m³
ドレーン　　　　　　　63,000m³
ロック　　　　　　　　42,000m³
フィルター(インターセプター)　　70,000m³
捨石工　　　　　　　207,000m³
捨石張工　　　　　　　12,000m³
　　　　計　　　　2,960,000m³

他に
フェーシング　　　　174,000m²
ブランケット　　　　979,000m³

中里ダム平面図

ダム断面図
(出典：三重用水管理所 HP)

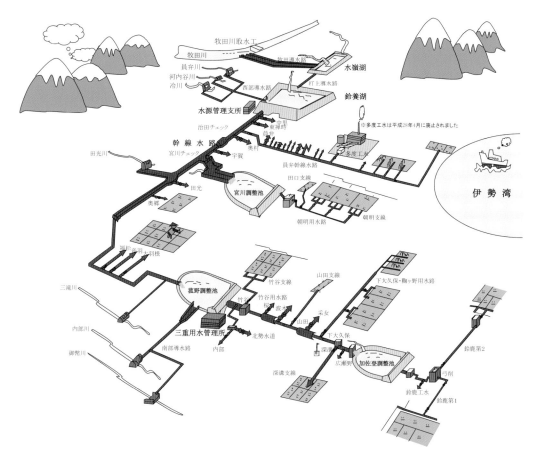

牧田川取水工
牧田川
牧田導水路
員弁川
水嶺湖
河内谷川
冷川
西部導水路
打上導水路
鈴養湖
水源管理支所
※多度工水は平成28年4月に廃止されました
治田チェック
中里
東福時
員弁
幹線水路
奥村
田光川
宮川チェック
宇賀
多度工水
員弁幹線水路
伊勢湾
田光
田口支線
宮川調整池
奥郷
朝明用水路
朝明支線
福松谷用大羽根
三滝川
菰野調整池
山田支線
下大久保・鞠ヶ野用水路
竹谷支線
竹谷
三重用水管理所
竹谷用水路
内部川
波木
采女
北勢水道
山田
御幣川
南部導水路
内部
下大久保
鈴鹿第2
深溝
弓削
深溝支線
広瀬野
加佐登調整池
鈴鹿工水
鈴鹿第1

提供：独立行政法人 水資源機構 三重用水管理所（一部追記）

三重用水の概要
（出典：独立行政法人水資源機構　三重用水管理所）

コラム13　あなたを忘れない

　ダムの建設には、多くの土地を必要とします。先祖代々の田畑や山を、更には住み慣れた家を手放すことも多々あります。この中里ダムも例外ではありません。水没地区として深尾の28戸、田畑37.5ha、山林117ha、その他1.5ha が求められました。このほか、道路の付け替えなどにも、多くの土地の提供が必要となりました。多くの人々の協力があってこそ、今の中里ダム、いやこの北勢地域の繁栄があるといっても過言ではありません。このように、公共事業では、多くの皆さんの協力の下で成り立っていることを忘れてはならないと思います。

ダムの記念掲示板（1）
（中里ダムにて）

ダムの記念掲示板（2）

ダムの記念掲示板（3）

Ⅵ．堰堤

近年、日本各地で多発する土砂災害
ゲリラ豪雨等による水が山の斜面を流れ
それが谷筋に集中する
そしてそれが谷底をえぐり、山肌を崩壊させながら
土砂が液状化となって
猛スピードで麓の集落を襲う
それをくい止め、勢いを衰えさせる
それが砂防堰堤です

西之貝戸川　砂防堰堤群

花の百名山にも数えられる藤原岳

春にはフクジュソウ、セツブンソウ、ニリンソウなど様々な植物が咲きそろう

秋にはオオイタヤメイゲツ、コハウチワカエデなどの紅葉で彩る

麓にはもみじで有名な聖宝寺

昭和の時代には山頂には山荘がありスキー客で賑わったという

この藤原岳に異変が生じる

平成10年7月29日、土石流発生

これが藤原岳北斜面における土石流との闘いの始まりとは

誰も想像だにしなかった

午後5時00分

突然、山のサイレンが鳴り響く

土石流が発生した！？

区長が役場に連絡し、

役場に災害対策本部が設置される

そして、予め定めていた地区に、

避難勧告が発令される

73世帯277名が公民館に避難

午後6時06分

町職員が避難所で避難者リストと氏名を照合する

　これは、平成11（1999）年8月19日に発生した、藤原岳北斜面（西之貝戸川）で発生した土石流の、発生から避難までの経過です。この西之貝戸川では前年の平成10年7月に小規模な土石流が発生しました。そのため三重県では、国の指導を仰ぎながら、ソフト、ハードの両輪で対策を進めました。まずハード対策として、3基の砂防堰堤と流路工を計画し、平成11年3月から工事に着手しました。土石流発生時には、最下流の1号堰堤本体はほぼ完成していました。次に、ソフト対策としては、地域住民や工事関係者の安全確保のため、上流部にワイヤセンサーを設置し、下流部には警報装置と簡易雨量計を設置しました。

　一方、地元自治会では、平成7（1995）年1月の阪神淡路大震災を教訓に、平成9（1997）年4月に自主防災隊を組織しました。そして、平成10（1998）年の土石流を踏まえ、防災対策会議を開き、緊急避難対策について話し合われていました。

　このような取り組みの結果、土石流が発生しても大きな混乱なく避難でき、物的被害も生じませんでした。

　今回の土石流では、①上流に設置したワイヤセンサーにより土石流の発生を検知し、②警報装置であるサイレンが鳴って住民に土石流発生を知らせ、③役場、自治会の連携により速やかな避難誘導が行われました。そして、④工事中であったものの、ほぼ本体が完成していた1号堰堤が土石流の大部分を止め大災害を未然に防ぐことができました。

あれから、3年の月日が流れ……

平成14（2002）年5月、4号堰堤の傍において、この4月に赴任した県職員は、自信をもって誇らしげに区長に語りかけました。「5基の堰堤が完成しました！！これで土石流を怖がる必要はありません。安心してください。」

しかし、区長の口からは、意外な言葉が漏れました。「課長、堰堤の上流を調査してください。多量の土砂が谷筋に堆積しています。これらが流出したら大変なことになります。住民は安心しきれていません。不安です！！」

同年7月17日、土石流が発生。4基の堰堤はすべて満砂となっていました。溢れ出た一部の濁水が人家へも流れ込んでいました。区長の不安は、現実となったのでした。この時の課長が私。自然の猛威を目の当りにした時でした。

「万象ニ天意ヲ覚ルモノハ幸ナリ」（信濃川大河内分水堰　碑文　青山士）

自然の力は私たちの想像をはるかに超えたものを持っています。県土保全を担う私たちは、このことを決して忘れてはならない、と心に誓った時でした。

西之貝戸川土石流（発生平成14年7月）
（提供：アジア航測）

支川2号堰堤

支川1号堰堤

4号堰堤の背面と導流

藤原岳登山道

ワイヤセンサー

ワイヤセンサー

2号、1号床固

6号堰堤

1号床固

ワイヤセンサー

2号床固

ワイヤセンサー

ワイヤセンサー

上流部から望む

※青の破線はワイヤーセンサを示す

2号床固

砂防堰堤群

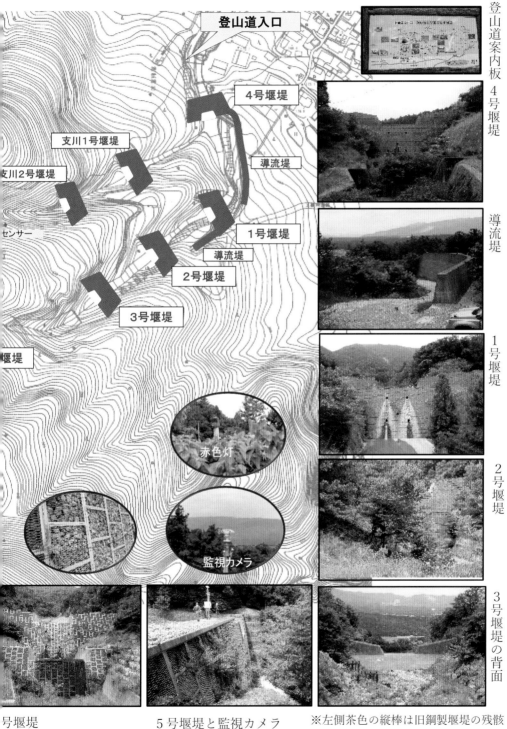

登山道入口

登山道案内板

4号堰堤

支川1号堰堤

支川2号堰堤

導流堤

センサー

1号堰堤

導流堤

2号堰堤

3号堰堤

堰堤

赤色灯

監視カメラ

導流堤

1号堰堤

2号堰堤

3号堰堤の背面

号堰堤　　　　　　　　5号堰堤と監視カメラ　　　　※左側茶色の縦棒は旧鋼製堰堤の残骸

小滝川　砂防堰堤群

小滝川土石流（平成14年 7 月）
（提供：アジア航測）

小滝川土石流（平成20年 9 月）
（提供：三重県桑名建設事務所）

　平成14（2002）年 7 月の土石流発生後、三重県は今後も発生する恐れがある土石流に対して、ハード対策、ソフト対策に向けて 2 つの委員会を設けました。

●ハード対策
「藤原岳周辺流域土石流対策計画検討委員会」（委員長：林拙郎　三重大学教授）
　土石流対策の基本的な考え方、各流域での最適な土石流対策を検討し、施設整備に反映させた。
●ソフト対策
「藤原岳周辺流域土石流発生基準雨量等検討委員会」（委員長：水山高久　京都大学大学院教授）
　藤原岳周辺での土石流発生基準を検討し、住民の避難判断基準の設定に反映させた。
　検討結果　次の 2 つの条件が、土石流発生の可能性が高い
　　　①　10分間雨量が17mm
　　　②　タンクモデル法による指標が110mm

※タンクモデル法：斜面や渓流での雨の浸透量や流出量の変化を追跡する方法。雨が地中に浸透、貯留、流出する状況を、タンクに設定した流出孔の位置、大きさと、何段かのタンクの組み合わせで表現するモデル。タンクの貯留高によって土石流の発生基準を評価する。本件では 3 段のタンクを用いた。

これまでの土石流発生状況

西之貝戸川

流域面積：1.18km²　　　保全対象人家：人家109戸

発生日	捕捉土砂量（m³）
平成10年7月29日	-
平成11年8月19日	3,000
平成11年9月24日	3,700
平成14年7月17日	39,860
平成15年8月8日～9日	26,000
平成16年9月30日	2,544
平成20年9月3日	37,600
平成24年9月17日～18日	63,300

小滝川

流域面積：2.70km²　　　保全対象人家：人家255戸

発生日	捕捉土砂量（m³）
平成11年8月19日	10,000
平成11年9月24日	5,000
平成14年7月9日～10日	21,080
平成14年7月17日	20,970
平成15年8月8日～9日	50,000
平成16年9月30日	16,997
平成20年9月3日	47,300
平成23年9月4日	5,200
平成24年9月17日～18日	132,600

出典：三重県 県土整備部 砂防課 HP
　　　三重県 桑名建設事務所 資料

小滝川の遊砂池から激しく流出する濁流
（提供：三重県）

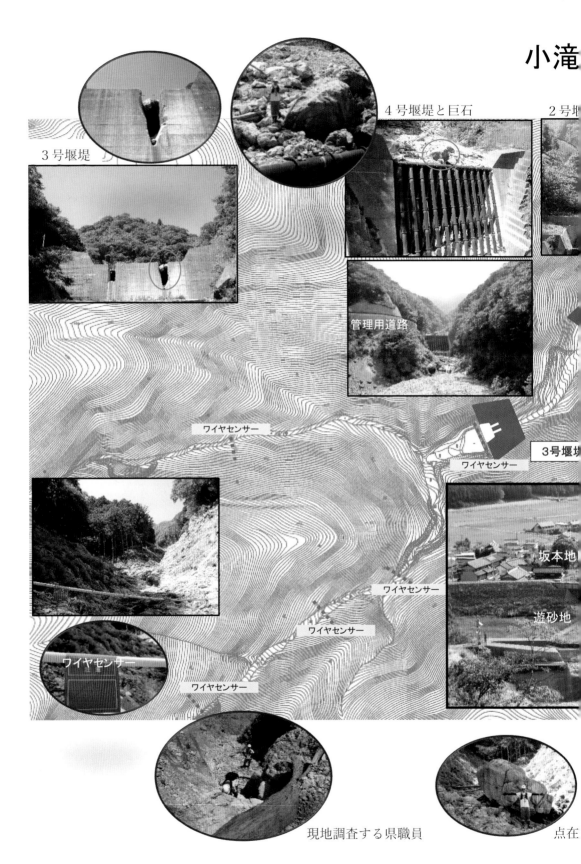

小滝

3号堰堤

4号堰堤と巨石

2号堰

管理用道路

ワイヤセンサー

ワイヤセンサー

3号堰堤

ワイヤセンサー

坂本地

ワイヤセンサー

遊砂地

ワイヤセンサー

ワイヤセンサー

現地調査する県職員

点在

砂防堰堤群

遊砂地下流端堰堤

遊砂地

1号堰堤

1号堰堤背面

※嵩上げした跡が分かる

2号堰堤

1号堰堤

4号堰堤

遊砂地

赤色灯

監視カメラ

1号堰堤

石　　　さざれ石　　　節理が発達した岩

三国谷堰堤

工事中の三国谷堰堤（提供：いなべ市在住　森氏）

　員弁川の源流部である三国谷。ここに「イワメ」という貴重な魚が生息するといいます。そこに計画されたのが三国谷堰堤です。この堰堤の施工では、当初は通常の砂防堰堤でしたが、地域の声や有識者の意見を聞きながら、堰堤構造を変更し、魚類との共生を目指しました。

工事中の堰堤
（左）堰堤下流の魚道を堰堤から望む
（中）堰堤下流の魚道と堰堤を望む
（右）魚道の施工状況　　　　　　　（提供：いなべ市在住　森氏）

員弁川の最上流部に位置する三国谷。この地域では昭和60（1985）年頃、豪雨のたびに斜面崩落が多発し、下流部に被害を与えていました。そのため、三重県は、平成元（1989）年より、土砂災害防止を目的とした砂防堰堤整備事業に着手しました。この地域には、イワメ※が生息しており、事業を進めるにあたり、イワメの保護を求める地元の声が高まりました。そのことから、三重県は、平成2（1990）年に学識経験者、地元住民等で編成された「三国谷イワメ等調査会（代表：清水義孝、顧問：名越誠奈良女子大学名誉教授）」に調査を委託しました。イワメ等調査は、イワメを含むアマゴ個体群の調査のほか、植物調査、水生昆虫調査を行いました。一方、堰堤整備事業では、計画において生態系に配慮した「スリット式堰堤」および「魚道」を導入し、砂防堰堤と水生生物との共生を目指しました。

　工事は、水域に影響が及ぶと考えられる工事用仮設道路を平成2（1990）年から工事着手し、堰堤本体工事は平成4（1992）に着手し、平成12（2000）年12月に完了しました。それに合わせて調査は、予備調査、本調査、補足調査を、平成2（1990）年4月から平成17（2005）年3月までの15年間にわたって行われました。

　この調査により、三国谷水系はイワメを含むアマゴ個体群が生息する場所であるばかりでなく、生物相の極めて多様な場所であることが明らかになりました。また、スリット式堰堤、魚道も一定の効果があることが認められました。調査を終えてから14年。今も堰堤と生物との共生は図られているのでしょうか？

※イワメ：通常のアマゴに認められるパーマーク、朱点や黒点が無い魚。イワメの生息数が比較的多いアマゴ個体群は、大分県の大野川水系と員弁川水系のみであり、絶滅が危惧されています。釣りなどの捕獲による個体数の減少が懸念され、将来にわたり「無斑型（イワメ）を含むアマゴ個体群」の保護のため天然記念物指定の必要について審議され、桑員河川漁業共同組合をはじめとする関係機関の協力により平成18年7月21日にいなべ市指定天然記念物となりました。
【市指定名称・「篠立堰堤より上流の三国谷に生息する無斑型（イワメ）を含むアマゴ個体群」、他の指定等・「絶滅のおそれのある地域個体群」（環境省）、「絶滅危惧IA類」（三重県）】
（出典：いなべ市HP「アマゴ個体群の保護の取り組み」）

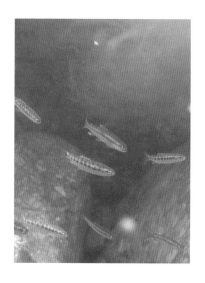

イワメとアマゴの混泳（左）淵部　（上）平瀬部
イワメには通常のアマゴに認められるパーマーク、
朱点や黒点が無い
（写真：鹿野雄一氏）

堰堤工事は、藤原町の森組（現在は廃業）さんが施工されました。森組の社長であった、森さんにお願いして、堰堤の現在の姿を写真に収めていただきました。さすが、貴重な魚が棲む場所であって、容易に人を近づけさせない場所に堰堤はありました。以下、森さんとご友人との道中をご覧ください。

※森さんが写真を撮っているので森さんは写っていません。

8:39　3人そろっていざ出発

9:27　林道崩落

9:36　谷へ降り対岸へ

10:04　林道はここまでここから川を下る

12:31　堰堤を目指し渓流を下る

12:34　堰堤が見える

12:38　ついに堰堤（上流側）に到着

13:30　堰堤を見下ろす

14:00　下流からの堰堤全景

15:14　清らかな水の流れ。
　　　　まさに貝弁川の源泉！！

16:18　大岩壁

16:23　心地よい山林

16:25　篠立堰堤

16:28　白石鉱山跡

17:00　無事帰りました！！

天然石で作った魚道は、全て破壊され無くなっていました。
しかし、それに代わる新たな魚道が、できていました。
ホント、「自然」の力は、スゴイ！！

before after

石が流され、代わりに淵ができていました。

石は全て流され、コンクリートが削られ、新たな魚道ができていました。

鐵線かごに入った石は流され、代わりに淵ができていました。

Ⅶ．水門

忍法隠れ身の術

これほどまで、自分の身を隠した、目立たなくした土木施設があっただろうか？

本多忠勝が築いた桑名城下と桑名城

桑名城は平地に築かれた平城

また、揖斐川の水を利用した水城でもある

城の周りには四重もの堀を巡らせた

堀は敵から身を守る防衛だけでなく、

揖斐川との連絡や運搬にも役立つ

本丸を巡る内堀

現在の吉之丸コミュニティパークから続く箱堀

七里の渡しから続く三之丸堀

外郭を守るために住吉神社から寺町付近を通り日進小学校へいたる惣堀

現在、揖斐川とこれら堀との境には水門がある

箱堀には三之丸水門

三之丸堀には川口水門

惣堀には住吉水門

そして　外堀には赤須賀水門

これら水門は、外見からは水門であることが分からないよう工夫され、

周りの風景と調和し、景観形成に大きく寄与している

① 住吉水門
② 川口水門
③ 三之丸水門
④ 赤須賀水門

水門群

出典：重要文化財　勢州桑名城中之絵図　（国立公文書館蔵）
一部著者が追記

住吉水門

住吉神社（左奥）と住吉水門（右）
水辺の風景から住吉水門は消えている
（提供：木曽川下流河川事務所）

閉じた住吉水門
（提供：木曽川下流河川事務所）

場　　　所	桑名市住吉町
構造形式	ステンレス製ライジングセクタ
	ゲート
寸　　　法	幅12.5m×高さ9.05m
ゲート重量	148t
完　成　年	平成15年年3月

川口水門

奥が七里の渡し　鳥居は「伊勢の国一の鳥居」
（提供：木曽川下流河川事務所）

閉じた川口水門
（提供：木曽川下流河川事務所）

場　　　所	桑名市船馬町
構造形式	ステンレス製マイタゲート
寸　　　法	幅10.0m×高さ9.05m
ゲート重量	53t
完 成 年	平成15年年3月

三之丸水門

三之丸水門（正面）と蟠龍櫓（左奥）
水辺の風景に水門の姿はない

閉じた三之丸水門
（提供：木曽川下流河川事務所）

蟠龍櫓
1階は水門の操作室、2階は展望台
となっています

龍の形をした瓦

場　　　所	：桑名市三之丸
構造形式	：ステンレス製スイングゲート
寸　　　法	：幅5.0m ×高さ9.25m
ゲート重量	：23t
完　成　年	：平成17年年12月

赤須賀水門

はまぐりプラザ（左奥）と赤須賀水門（正面）
水門右側の建物が操作室。周辺の景観との調和を図っている。
（提供：木曽川下流河川事務所）

赤須賀水門

場　　所	：桑名市赤須賀
構造形式	：引上横転式プレートガータ構造
	鋼製ローラゲート
寸　　法	：幅10.6m ×高さ9.5m
ゲート重量	：56t
完 成 年	：平成21年3月

VIII．街づくり

そこにあるのは　大空　大河　そして街並み
かつて宿場町として賑わった七里の渡し
幾年の時を超え　新たな息吹が生まれる
人為的に醸し出したこの景観が
やがて風景となり　風土を育むのだろう

徳川家康は関ケ原の戦いの翌年、徳川四天王の一人、本多忠勝を桑名城に配置しました。忠勝は桑名城の整備に着手するとともに、城下町の整備も併せて行いました。これを慶長の町割りといいます。それから約400年。水辺、街並、堀を、国、県、市が一つの視点にたち、桑名城下を意識した新たな平成の街づくりが行われました。

① 住吉入江
② 寺町堀・吉津屋堀
③ 城下町筋
④ 諸戸水道貯水池遺構

空中写真
（提供：木曽川下流河川事務所）

住吉入江

住吉入江
（提供：木曽川下流河川事務所）

　住吉入江は桑名城外堀の終着点。諸戸邸の本邸や米蔵であった煉瓦蔵3棟に隣接しており、往時には蔵に船を着け搬入していました。そのような歴史性を有する住吉入江であるものの、近年は漁船避難施設としか扱われていませんでした。そこで、桑名市街地の歴史的な掘割を再生させ、周辺の歩道を整備したのが、住吉入江です。

　地域の歴史性へ積極的にアプローチしたデザインに積極的にシフト。歴史性を表現する手法として煉瓦を多用し、全体デザインの基調を作り出しています。また、地場産業である鋳鉄を重点的に用いて、地域性の表現や活性化をにらみながら具体的なデザインを提案。御影石と組み合わされたレンガ護岸に、鋳鉄製の手摺りや係船金物、壁面照明などを絡ませ、機能と景観を一体で考え、避難施設としての機能と耐久性に十分対応しながらも、魅力的な水辺空間を演出しました。ひとつの素材を徹底的に使い込むことで、街並をリードする強いイメージと柔らかな表情を作り出しています。延長400m。平成14（2002）年3月竣工。見事、平成16（2004）年　土木学会　デザイン賞　優秀賞を受賞しました。

寺町堀・吉津屋堀

寺町堀とオープンスペース

夕暮れの寺町堀・吉津屋堀
（提供：木曽川下流河川事務所）

寺町堀

径は出会いの場
語らいの場、憩いの場、くつろぎの場
また待ち合わせの場
桑名城外堀線はそのような場を醸し出しています

堀を望む藤棚
石、木を多用したデザイン
入江に面したオープンスペース
レンガを使用した明治風デザイン
市場やイベントでの市民の集い
そのような思いを込めた設計思想のもと
歩行者、隣接する商店街の駐車スペース、生活道路
という３つの機能の調和を図っています

水辺は
桑名城の石垣を模したはぎ積み砂岩雑割石
揖斐川の水が自然に水路に流入し
潮の干満に応じて水路の水位も変わる
でもこのままだと、満潮時には水路から水が溢れ出てしまう
そこで、近代技術により、水路への流入水を制御しています

寺町堀

はぎ積みとフットライト

城下町筋

城下町筋

　数多くの老舗があり、また石取祭で有名な春日神社、石取会館、桑名市博物館を有する城下町筋。この城下町筋商店街振興組合による建物景観整備にあわせて、三重県では、平成6（1994）年から平成16（2004）年にかけて、電柱の地中化、道路に荷捌き（駐車）スペースの確保、歩道の修景など道路の修景整備を行いました。

街並み

チョット一休み

チョット一休み

諸戸水道貯水池遺構

諸戸水道貯水池遺構

　桑名市内には、明治時代に全国で7番目※にできた、近代的上水道を今に伝える遺構があります。諸戸水道貯水池遺構です。※軍用水道は除きます。

　これができるまでは、江戸時代に全国で6番目に造られた、町屋川を水源とする全長2kmの水道である町屋御用水が、約280年にわたって桑名市民の生活を支えてきました。明治に入り、桑名の発展とともに水道の水質が悪くなり、諸戸清六（初代）は独力で上水道を造ることを計画しました。明治32（1899）年に水源調査を始め、明治37（1904）年に東方丘陵地の地下水を集めた煉瓦造りの貯水池（幅13.4m、長さ23.2m、深さ3.6m）を築きました。そして、延長14kmにおよぶ給水管で桑名町およびその周辺に配水し、市中に設置した共用栓（55ヶ所）と消火栓（24ヶ所）によって、住民に無償で提供しました。この水道施設は大正13（1924）年に町に寄贈され、昭和4（1929）年まで使用されました。

　諸戸清六（初代）は、米の仲買等で財を成した豪商で、学生への学費援助、治水事業の一環として荒れた山林を購入して植林を行ったり、上水道敷設などの公共事業による社会貢献をしました。なお、国の重要文化財である六華苑を建てたのは2代目諸戸清六です。

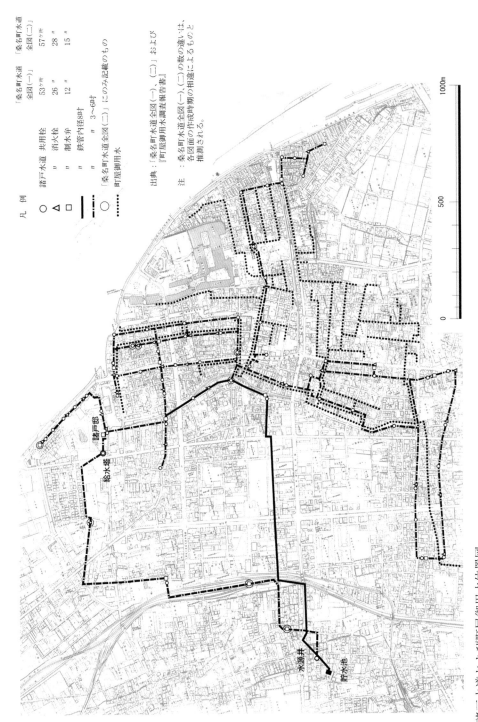

諸戸水道および町屋御用水位置図
（出典：諸戸水道調査報告書　平成20年1月、提供：桑名市観光文化課）

凡　例

			諸戸水道 共用栓	「桑名町水道 全図（一）」	「桑名町水道 全図（二）」
○		〃	消火栓	53ヶ所	57ヶ所
△		〃	制水弁	26 〃	28 〃
□		〃	鉄管内径8吋	12 〃	15 〃
	━━━	〃	〃 3〜6吋		
	━・━	「桑名町水道全図（二）」にのみ記載のもの			
	○	桑名町水道			
	‥‥‥	町屋御用水			

出典：「桑名町水道全図（一）、（二）」および
　　　「町屋御用水調査報告書」

注　：桑名町水道全図（一）、（二）の数の違いは、
　　　各図面の作成時期の相違によるものと
　　　推測される。

給水塔

諸戸邸

水源井

貯水池

112

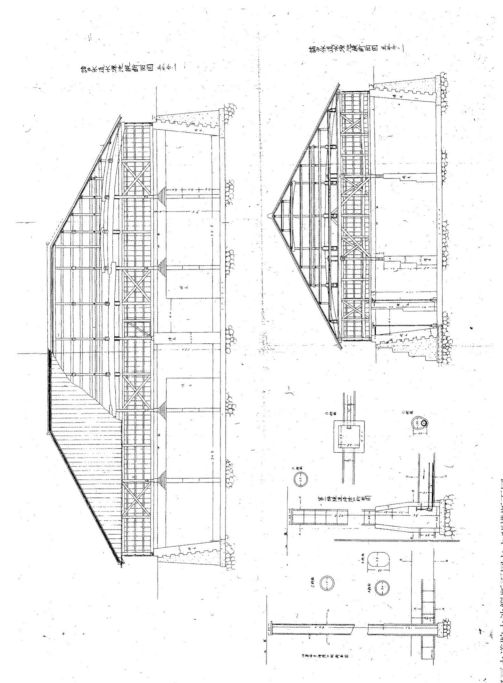

諸戸水道貯水池縦断面図および横断面図
（出典：諸戸水道調査報告書　平成20年1月，提供：桑名市観光文化課）

資料編

Ⅰ．道路＆鉄道

①
国道の変遷

明治9（1876）年	6月8日	（太政官達第60号「道路ノ等級ヲ廃シ國道縣道里道ヲ定ム」） 国道、県道、里道を指定 道路を国道・県道・里道のそれぞれ一等〜三等に分類する等級制で、現在の番号による分け方ではない。 国道一等（東京より各開港場に達するもの） 国道二等（東京より伊勢の宗廟及各府各鎮台に達するもの） など
明治18（1885）年	2月24日	（内務省告示第6号（国道表）） 国道1号（東京より横浜に達する路線） 国道2号（東京より大坂港に達する路線） 国道9号（東京より伊勢宗廟に達する路線） など44路線が指定
大正9（1920）年	4月1日	（内務省告示第28号　道路法に基づく「路線認定」施行） 国道1号（東京市より神宮に達する路線） 国道2号（東京市より鹿児島県庁所在地に達する路線） など
昭和27（1952）年	12月4日	（政令第477号　新道路法に基づく「路線認定」） 一級国道1号（起点：東京都中央区、終点：大阪府大阪市） 一級国道2号（起点：大阪府大阪市、終点：福岡県門司市） 一級国道23号（起点：三重県四日市市、終点：三重県宇治山田市（伊勢神宮内宮前）） など
昭和40（1965）年	4月1日	（道路法改正） 一級、二級の別がなくなる

②
東名阪自動車道　年表

昭和45（1970）年	4月17日	日本道路公団が管理する一般有料道路の国道1号東名阪道路として整備 四日市IC〜亀山IC間開通
昭和46（1971）年	8月9日	桑名IC〜四日市IC間開通
昭和47（1972）年	8月3日	近畿自動車道名古屋関線として、名古屋西JCT〜亀山IC間の整備計画決定
昭和48（1973）年	4月1日	高速自動車国道の東名阪自動車道となる
昭和50（1975）年	10月22日	蟹江IC〜桑名IC間開通
昭和54（1979）年	12月1日	名古屋西IC〜蟹江IC間開通
昭和61（1986）年	10月27日	名古屋西JCT〜名古屋西IC間開通に伴い、名古屋高速5号万場線と直結 この頃まで名古屋西IC〜弥富IC間は大型車が通行禁止であった
平成15（2003）年	3月21日	四日市JCT暫定供用開始に伴い、伊勢湾岸自動車道と接続
平成17（2005）年	3月13日	亀山IC〜伊勢関IC間（亀山直結線）開通に伴い、全線開通伊勢自動車道と直結となる
平成20（2008）年	2月23日	亀山JCT供用開始に伴い、新名神高速道路と接続（草津田上ICまでが開通）
平成28（2016）年	8月11日	四日市JCT供用開始に伴い、新名神高速道路と接続（新四日市JCTまでが開通） 東海環状自動車道の東員ICまでが開通

出典：『東名阪自動車道』フリー百科事典『ウィキペディア（wikipedia）』

③
東海環状自動車道　年表

昭和62（1987）年	6月30日	第四次全国総合開発計画（四全総）で高規格幹線道路（一般国道の自動車専用道路）に指定
平成元（1989）年	8月8日	土岐 - 関間 整備計画決定
平成元（1989）年	12月1日	土岐 - 関間 都市計画決定
平成3（1991）年	3月4日	豊田 - 瀬戸間 都市計画決定
平成3（1991）年	12月3日	豊田 - 瀬戸間 整備計画決定
平成4（1992）年	1月21日	北勢 - 四日市間 都市計画決定
平成5（1993）年	4月1日	一般国道475号に路線指定
平成5（1993）年	7月30日	北勢 - 四日市間 整備計画決定
平成8（1996）年	10月4日	関 - 養老間 都市計画決定
平成9（1997）年	2月5日	関 - 養老間 整備計画決定
平成10（1998）年	4月10日	瀬戸 - 土岐間 都市計画決定
平成12（2000）年	4月3日	瀬戸 - 関間 整備計画決定
平成12（2000）年	8月25日	豊田東JCT - 美濃関JCT間 一般有料道路事業認可
平成17（2005）年	3月19日	豊田東JCT - 美濃関JCT間 開通
平成19（2007）年	4月24日	養老 - 北勢間 都市計画決定
平成20（2008）年	8月1日	美濃関JCT - 関広見IC間 一般有料道路事業認可
平成21（2009）年	4月18日	美濃関JCT - 関広見IC間 開通
平成23（2011）年	6月8日	関広見IC - 新四日市JCT間 一般有料道路事業認可
平成24（2012）年	4月17日	養老 - 北勢間 整備計画決定
平成24（2012）年	9月15日	大垣西IC - 養老JCT間 開通
平成28（2016）年	8月11日	東員IC - 新四日市JCT間 開通
平成29（2017）年	10月22日	養老JCT - 養老IC間 開通
平成31（2019）年	3月17日	大安IC - 東員IC間 開通
開通予定年度（IC名は仮称）		
2019年度		関広見IC - 高富IC（8.4km）
		大野・神戸IC - 大垣西IC（7.6km）
2024年度		高富IC - 大野・神戸IC（19.2km）
		北勢IC - 大安IC（6.6km）
		土岐JCT - 美濃加茂IC/SA 付加車線設置
開通予定年度未定（IC名は仮称）		
		養老IC - 北勢IC（18.0km）

出典：『東海環状自動車道』岐阜県HP
　　　『国道475号 東海環状自動車道 愛知県豊田市〜三重県四日市市』
　　　　　国土交通省中部地方整備局　ネクスコ中日本名古屋支社　リーフレット　平成29年10月第3版

④
三岐鉄道北勢線　年譜

明治44（1911）年	3月20日付	大山田村～阿下喜村までの敷設免許申請
明治45（1912）年	1月16日付	免許許可
大正元（1912）年	8月10日	北勢鉄道（株）設立　資本金25万円
大正3（1914）年	4月5日	大山田駅（のちの西桑名駅）～楚原駅　14.5km　開業
大正4（1915）年	8月5日	大山田村～桑名町（のちの桑名京町）　0.7km　開通
大正5（1916）年	8月6日	楚原～阿下喜東（のちの六石）　4.6km　開通
昭和6（1931）年	7月8日	阿下喜東～阿下喜　1.4km　開通　合わせて全線電化となる
昭和9（1934）年	6月27日	北勢電気鉄道に社名変更
昭和19（1944）年	2月11日	北勢電気鉄道ほか6社が合併し三重交通となる
昭和32（1957）年	11月25日	通学者で満員の電車が脱線転覆事故。3名死亡重軽傷者数172名の大惨事。
昭和36（1961）年	10月31日	西桑名～桑名京町間廃止
昭和39（1964）年	2月1日	三重電気鉄道北勢線となる
昭和40（1965）年	4月1日	三重電気鉄道、近鉄に吸収合併　近鉄北勢線となる
昭和52（1977）年	5月11日	桑名駅前市街地再開発事業により西桑名駅、現在地に移転
平成12（2000）年	7月3日	近鉄、北勢線の廃止を表明
平成14（2002）年	9月4日	三岐鉄道が引継ぐことに決定
平成15（2003）年	4月1日	三岐鉄道北勢線となる

出典：『北勢線九〇年小史』　西羽晃　桑員ふれあいの道協議会（2004年6月27日）
　　　『桑名のいろは』　桑名商工会議所（2007年11月9日）

⑤
近鉄沿革

明治43（1910）年	9月16日	大阪と奈良を結ぶ路線を敷設すべく「奈良軌道」として設立
明治43（1910）年	10月15日	「奈良軌道」を「大阪電気軌道（大軌）」に商号変更
明治44（1911）年	11月10日	津～四日市間を結ぶ目的で「伊勢鉄道」が設立
大正8（1919）年	4月27日	桑名～養老間 開通し、養老線全線開通
大正11（1922）年	3月1日	津～四日市間 開業
大正15（1926）年	9月	「伊勢鉄道」を「伊勢電気鉄道」に商号変更
昭和2（1927）年	9月28日	伊勢を目指すため「参宮急行電鉄（参急）」を設立
昭和4（1929）年	1月30日	桑名～四日市間 開業
昭和11（1936）年	1月24日	「関西急行電鉄（関急）」設立
昭和11（1936）年	9月15日	「関急」は「伊勢電気鉄道」を合併
昭和13（1938）年	6月26日	「関急」は「大軌」と「参急」の支援の下、桑名～名古屋間を開業
昭和13（1938）年	12月20日	「参急」は伊勢中川～江戸橋間の狭軌化を竣工
昭和15（1940）年	1月1日	「参急」と「関急」が合併し、「参急」となる
昭和15（1940）年	8月1日	「参急」は「養老電鉄」を合併
昭和16（1941）年	3月15日	「大軌」と「参急」が合併し、「大軌」となり、「関西急行鉄道」に商号変更
昭和16（1941）年	8月12日	「関西急行鉄道」は名古屋鉄道の新名古屋駅開業に合わせて、名古屋駅地下連絡線路を整備
昭和19（1944）年	6月1日	「関西急行鉄道」と「南海鉄道」が合併し、「近畿日本鉄道（近鉄）」となる
昭和22（1947）年	6月1日	旧南海電鉄部分を分離する
昭和34（1959）年	11月27日	伊勢中川～名古屋間、狭軌から標準軌が竣工
昭和34（1959）年	12月12日	ビスタカーによる名阪直通特急の営業開始
昭和40（1965）年	4月1日	「三重電気鉄道」が「近鉄」に吸収合併し、北勢線が「近鉄」となる
平成15（2003）年	4月1日	北勢線が「三岐鉄道」で運行継承される
平成19（2007）年	10月1日	養老線が子会社「養老鉄道」で運行継承される

出典：『近畿日本鉄道100年のあゆみ』　近畿日本鉄道（平成22年12月）
　　　『桑名のいろは』　桑名商工会議所（2007年11月9日）

Ⅱ．トンネル

①

施設名	石榑トンネル（国道421号）
事業者	国土交通省 近畿地方整備局 滋賀国道事務所
工事延長	全延長4.5km　内トンネル延長4,157m
道路規格	3種3級
道路幅員	幅員9.0m（車道3.0m×2、歩道0.75m×2）
工事期間	平成18年1月24日〜平成23年3月23日
施工者	トンネル＆取付道路：大林・飛島JV（平成18年1月24日〜平成21年8月28日） 舗装　　　　　　　：昭建（平成21年8月4日〜平成23年3月22日） 電気室　　　　　　：伊藤組（平成21年9月15日〜平成23年3月22日） 監視設備　　　　　：テクノロジィズ（平成22年1月29日〜平成23年3月18日） 防災情報通信設備　：東芝（平成22年2月10日〜平成23年3月18日） 照明設備　　　　　：きんでん（平成22年3月10日〜平成23年3月18日） 換気設備　　　　　：三井三池製作所（平成22年3月12日〜平成23年3月22日） 非常警報設備　　　：星和電機（平成22年3月13日〜平成23年3月23日） 高圧受電設備　　　：明電舎（平成22年3月13日〜平成23年3月23日） 内装施設　　　　　：エイチエスケイ（平成22年3月19日〜平成23年2月28日）
事業費	約131億円
貫通日	平成21年1月30日
開通日	平成23年3月26日
特記事項	掘削方法：NATMによる発破掘削方式 　地山が良い場合：補助ベンチ付全断面掘削工法 　地山が悪い場合：上半先進ベンチカット工法 開通式典を予定していたがH23.3.11の東日本大震災により自粛した。

出典：国土交通省　滋賀国道事務所　資料
　　　『一般国道421号石榑峠道路』国土交通省滋賀国道事務所（H16.1MC&P）
　　　『国道421号石榑峠道路石榑トンネル工事』大林・飛鳥特定建設工事共同企業体
　　　『一般国道421号石榑峠道路　道路評価』近畿地方整備局事業評価監視委員会　平成27年度第2回

Ⅲ. 橋

揖斐川に架かる橋梁（現存しない橋梁も含む）

　現在、三重県内の揖斐川には、道路橋5橋、鉄道橋2橋、水管橋2橋の9橋が架かっている。このうち一番古いのが昭和9（1934）年竣工、一番新しいのが平成13（2001）年竣工。架け替えられた橋梁2橋も含めて、その概要を次に示す。なお、記載順は竣工年次の順とした。

竣工年	概要	橋種
明治28年竣工	関西鉄道　揖斐川橋梁　橋長3,265フィート（995.2m）16径間	平行弦ワーレントラス
昭和3年竣工	国鉄関西線　揖斐川橋梁　橋長 不明　16径間	曲線弦ワーレントラス
昭和9年竣工	国道1号伊勢大橋　橋長1,105.7m　15径間	ランガートラス
昭和13年供用	関西急行電鉄　揖斐長良川橋梁　橋長 不明　16径間	平行弦ワーレントラス
昭和34年竣工	近鉄名古屋線　揖斐長良川橋梁　橋長 不明　16径間	平行弦ワーレントラス
昭和37年竣工	三重県企業庁　揖斐川水管橋　橋長574.0m　10径間	ランガー＋パイプビーム
昭和38年竣工	名四国道　揖斐長良川大橋（上り線）　橋長1,031.9m　14径間	平行弦ワーレントラス
昭和42年竣工	名四国道　揖斐長良川大橋（下り線）　橋長1,035.1m　14径間	平行弦ワーレントラス
昭和48年竣工	東名阪自動車道　揖斐長良川橋　橋長923.8m　14径間	平行弦ワーレントラス
昭和49年竣工	三重県企業庁　揖斐長良川水管橋　橋長994.0m　16径間	ランガー＋パイプビーム
昭和54年竣工	国鉄関西線　揖斐長良橋梁　橋長 不明　16径間	平行弦ワーレントラス ＋単純鈑桁
昭和58年竣工	県道北方多度線　油島大橋　橋長499.4m　8径間	単純鋼箱桁＋連続鈑桁
平成13年竣工	伊勢湾岸自動車道　揖斐川橋　橋長1,397.0m　6径間	エクストラドーズド

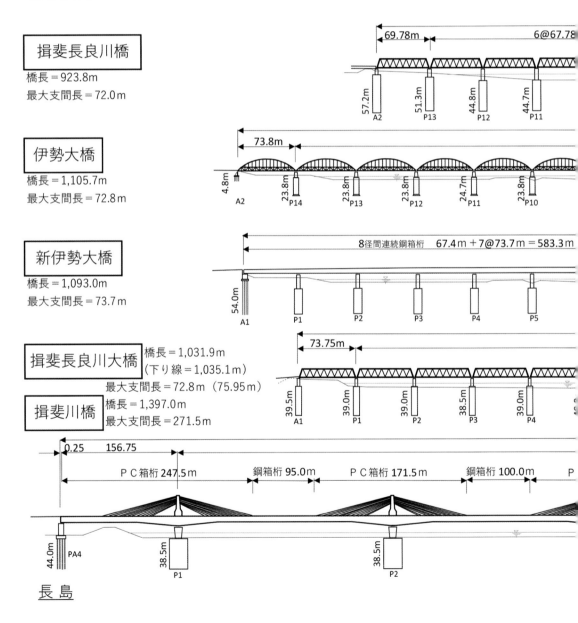

油島大橋
橋長＝499.4m
最大支間長＝65.0m

揖斐川水管橋
橋長＝574.0m
最大支間長＝58.6m

揖斐長良川橋
橋長＝923.8m
最大支間長＝72.0m

伊勢大橋
橋長＝1,105.7m
最大支間長＝72.8m

新伊勢大橋
橋長＝1,093.0m
最大支間長＝73.7m

揖斐長良川大橋　橋長＝1,031.9m
（下り線＝1,035.1m）
最大支間長＝72.8m（75.95m）

揖斐川橋　橋長＝1,397.0m
最大支間長＝271.5m

注意）　1．数値は建設時の設計値を示す。
　　　　2．耐震補強工事は反映していない。
　　　　3．基礎工の横の○○mは、基礎工の長さを示す。
　　　　4．伊勢大橋の基礎工の長さには底版拡幅を含まない。

69.78m　　　　6@67.78

57.2m　51.3m　44.8m　44.7m
A2　　P13　　P12　　P11

73.8m
4.8m
A2　23.8m　23.8m　23.8m　24.7m　23.8m
　　P14　　P13　　P12　　P11　　P10

8径間連続鋼箱桁　67.4m＋7@73.7m＝583.3m
54.0m
A1　P1　　P2　　P3　　P4　　P5

73.75m
39.5m　39.0m　39.0m　38.5m　39.0m
A1　　P1　　P2　　P3　　P4

0.25　156.75
ＰＣ箱桁 247.5m　　鋼箱桁 95.0m　　ＰＣ箱桁 171.5m　　鋼箱桁 100.0m　　P
44.0m PA4　　38.5m P1　　38.5m P2

長　島

120

至 長 島   多 度

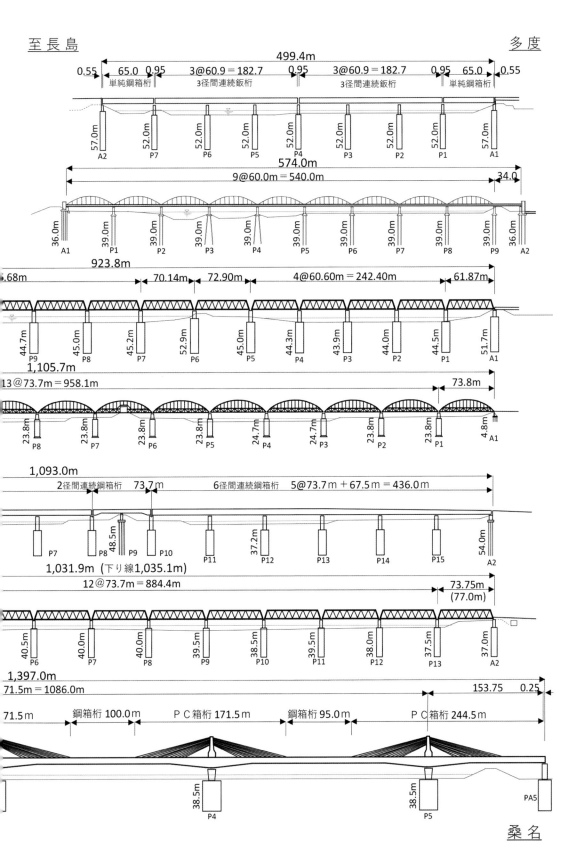

桑 名

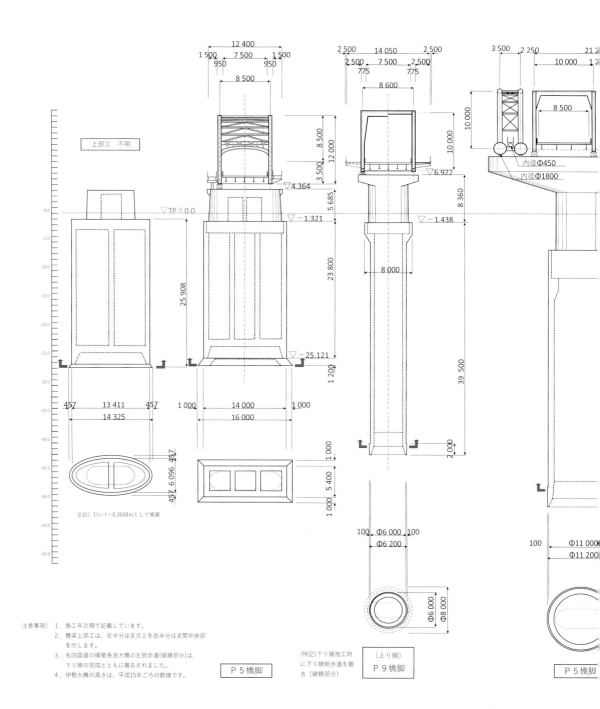

国鉄関西線
揖斐長良川橋梁
（昭和３年竣工）

国道1号
伊勢大橋
（昭和９年竣工）

名四国道
揖斐長良川大橋 （上り線）
（昭和３８年竣工）

東名阪自動
揖斐長良川
（昭和４８年

上部工　不明

▽TP±0.0

▽4.364

▽-1.321

▽-25.121

▽6.922

▽-1.438

内径Φ450

内径Φ1800

注記）1フィート＝0.3048mとして換算

Φ6 000
Φ6 200
Φ6 000
Φ8 000

Φ11 000
Φ11 200

注意事項）　1．施工年次順で記載しています。

　　　2．橋梁上部工は、左半分は支点上を右半分は支間中央部
　　　　を示します。

　　　3．名四国道の揖斐長良川大橋の左側歩道（破線部分）は、
　　　　下り線の完成とともに撤去されました。

　　　4．伊勢大橋の高さは、平成15年ごろの数値です。

（特記）下り線施工時
に下り線側歩道を撤
去（破線部分）

P５橋脚

（上り線）
P９橋脚

P５橋脚

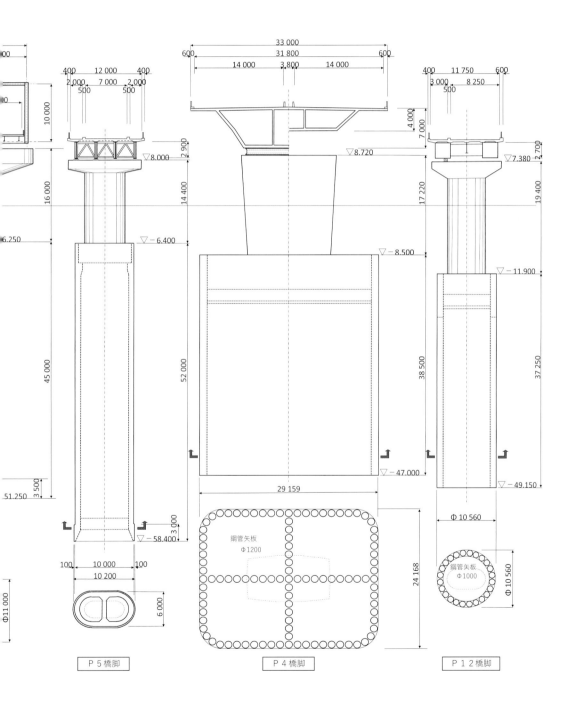

県道北方多度線
油島大橋
（昭和５８年竣工）

伊勢湾岸自動車道
揖斐川橋
（平成１３年竣工）

国道1号
新伊勢大橋
（施工中）

Ｐ５橋脚

Ｐ４橋脚

Ｐ１２橋脚

鋼管矢板
Φ1200

鋼管矢板
Φ1000

①

橋梁名	揖斐川橋	木曽川橋
構造形式	PC・鋼複合6径間連続エクストラドーズド橋（154m＋4@271.5m＋157m）	PC・鋼複合5径間連続エクストラドーズド橋（160m＋3@275.0m＋160m）
橋長	1,397.0m（6径間）	1,145.0m（5径間）
幅員	全幅33.0m（車道幅員（3.5＋3.75＋3.5）×2）	全幅33.0m（車道幅員（3.5＋3.75＋3.5）×2）
支間長	152.5m＋4@271.5m＋155.5m	158.5m＋3@275.0m＋158.5m
設計荷重	B活荷重	同左
基礎工形式	鋼管矢板基礎	同左
発注者	日本道路公団中部支社	同左
基本設計	建設技術研究所	日本構造橋梁研究所
設計協力者	第二名神高速道路木曽川橋の設計施工に関する技術検討委員会（委員長：池田尚治横浜国立大学教授）耐震設計：土岐憲三京都大学教授 照明設計：石井幹子	同左
詳細設計（下部）	建設技術研究所	信和設計
詳細設計（上部）	上部工施工者	上部工施工者
施工者（下部）	五洋建設・奥村組JV 鹿島・佐藤工業・若築建設JV	大林組・西松建設・東亜建設工業JV
施工者（上部）	住友建設・ドーピー建設工業・三菱重工業JV ピーエス・大成建設・横河ブリッジJV	オリエンタル建設・日本高圧コンクリート・川田工業JV 鹿島・錢高組・NKKJV
設計費	約4億2千万円	約3億7千万円
工事費	約508億円	約390億円
工期	平成9年3月～平成13年7月	平成9年3月～平成13年7月
供用年	平成14年3月24日	同左
特記事項	【特徴】　270mを越す最大支間の橋梁を経済的に設計するため、橋脚付近は剛性の高いコンクリート桁、支間中央部には軽量な鋼箱桁を採用。このような鋼とコンクリートの特性を活かし、1つの橋梁の中で適材適所に用いるものを複合橋といい、その優れた経済性・構造特性から1990年代以降架橋例が増えている形式。　また、構造形式にはエクストラドーズド橋を採用。エクストラドーズド橋とは、エクストラ「範囲外に（主桁の外に）」と、ドーズド「補強された」に由来した橋梁形式。すなわち、中間橋脚に主塔を設置し、斜めに張ったケーブル（斜材）により主桁を支える構造形式。外見は吊り構造である斜張橋に類似しているが、斜張橋に比べ主桁の剛性が高く、橋の挙動としては桁橋に近い。また、主塔の高さが低く、斜材ケーブルの角度が小さく水平に近いのが特徴。斜材ケーブルの角度が小さいことは、車両などの重量（活荷重）による斜材ケーブルの張力変動が小さくなることを意味し、疲労に対して有利となっている。このことから、本形式での斜材ケーブルの張力制限値は斜張橋に比べ緩和されており、少ないケーブルで経済的に構造を成立させている。鋼・PC複合橋でのエクストラドーズド橋は、本橋が世界初である。	

特記事項	【施工】 　幅員33m、全長2,500mに及ぶ本橋を、早期にかつ経済的に完成させるため、コンクリート桁部には大規模プレキャストセグメント工法を採用。架橋地点以外の場所に製作ヤードを設け、コンクリート桁を長さ5mで輪切りにしたもの（プレキャストセグメント）をあらかじめ製作し、架橋地点に輸送し架設した。製作ヤードを別に設けることで、架橋地点の作業状況や天候に左右されずに製作を進めることができ、工期短縮が図れた。本橋の製作ヤードは四日市市の霞ケ浦埠頭に設けられ、製作したプレキャストセグメントは台船にて架橋地点に海上輸送した。公道の走行によらず海上輸送としたことから、プレキャストセグメントは公道の重量制限を考慮しなくてもよいため、最大重量400tの大型部材とした。1つの部材を大きくすることでセグメント総数が減少し、工程を短縮するとともに経済性が図られている。 　また、鋼桁部は鋼桁製作メーカーの工場から海上輸送し、架設済みのコンクリート桁部から吊り上げる一括架設工法を採用し、コスト縮減、工期短縮を図った。架設された鋼桁は1箇所あたり95〜105mにも及ぶ。 　架設する地域特性を最大限活用することにより、このような素晴らしい橋を短期間で経済的に施工することを可能とした。
	【照明設計コンセプト】 揖斐川橋：真っ青な空の下、広大な濃尾平野を流れている爽快さをイメージカラー 　　　　　　主塔　　－青色 　　　　　　ケーブル－白色 　　　　　　灯具数　－214灯 木曽川橋：奥深い山間より湧きいで、木々の緑の中を中を流れる清涼さをイメージカラー 　　　　　　主塔　　－緑色 　　　　　　ケーブル－白色 　　　　　　灯具数　－168灯

出典：『日経コンストラクション』2002 5-24
　　　ネクスコ中日本 名古屋支社 資料

②

橋名		伊勢大橋	尾張大橋
事業主体		三重県土木課	愛知県土木部
工期	下部工	昭和5年9月～昭和6年8月	昭和5年3月～昭和7年9月
	上部工	昭和7年12月～昭和9年5月	昭和7年6月～昭和8年10月
供用日		昭和9年5月26日	昭和8年11月8日
工事費	下部工	835,400円	748,443円
	上部工	926,700円	681,287円
	合計	1,762,100円	1,428,730円
施工者	下部工	㈱間組	中央土木㈱（橋台）、㈱間組（橋脚）
	上部工	大阪鐵工所	横濱船渠㈱（製作）、㈱間組（架設）
	舗装工	日本鉱業㈱、大日本アスファルト工業會社	
設計荷重	二等橋荷重	群集荷重500kg/㎡ 自動車荷重8トン、施工機械荷重11トン	群集荷重500kg/㎡ 自動車荷重8トン、施工機械荷重11トン
橋長		1,105.7m （支間長72.8m15連）	878.81m （支間長63.42m13連、40.77m1連）
構造	橋台	扶壁式　松杭（末口21cm長さ4.8m）	扶壁式　松杭（末口21cm長さ4.8m）
	橋脚	小判式	小判式
	橋脚基礎工	ケーソン基礎（5.4m×14m×23.8～24.7m）	ケーソン基礎（5.4m×14m×25～27.5m）
	上部工	下路式鋼製ランガートラス（拱矢12m）	下路式鋼製ランガートラス（拱矢11m） 鋼製ボニートラス
	橋面工	鉄筋コンクリート床版、 アスファルトブロック舗装	鉄筋コンクリート床版、 アスファルトブロック舗装
主要材料	セメント	143,697袋（7,185トン）	168,290袋（8,415トン）
	鉄筋丸鋼	1,003トン	930トン
	鋳鉄	185トン	159トン
	鋼材	3,671トン	2,842トン
	石材	99㎡	103㎡
	砂利	18,403㎡	17,300㎡
	砂	9,202㎡	8,800㎡
	アスファルトブロック	8,255㎡	6,448㎡
特記	設計、施工上の特徴	架橋地点のボーリングの結果、ならびに架橋地点上流の鉄道橋地点の地盤状況では、何れも表層は細砂層よりなり、その下に支持力の低い粘土があって、しっかりした砂層は55m以深となっている。このような深さまで、当時のニューマチックケーソン工法では基礎を建造することは不可能であった。そのため、ニュマチックケーソン工法で側面摩擦力を十分期待できる深さまで下げ、底面を拡大して設計安全度を確保することとした。このような工法は、数年前に竣工した国鉄関西線の揖斐長良川橋梁で採用されている。	各ケーソンの刃口は青色粘土層にて停止させている。沈下終了後はケーソン内部に水を充填した後、躯体を築造した。基礎底面での支持力が不十分であることから、安全を図るため刃口下端を切り広げ支圧面積の増大を図った。具体的には、潜凾の周縁に1箇所2m×2m=4㎡の断面を有する部分を6箇所抜堀し、コンクリート打設・硬化後、隣接箇所の残り全てを掘削してコンクリートを充填した。周辺摩擦力を推定、底面耐荷力を測定し、沈下抵抗力に対する設計荷重の安全率1.2以上を確認した。
	詳細な工事期間		下部（橋台）昭和5年3月～昭和5年7月 下部（橋脚）昭和6年8月～昭和7年8月 上部製作　昭和7年6月～昭和8年3月 上部架設　昭和7年11月～昭和8年10月
	その他	昭和38（1963）年度に歩道（幅員1.5m×両側）が設置される	

出典：土木建築工事画報　昭和9年6月号 P.279～280
　　　尾張大橋工事概要 昭和8年12月 愛知県
　　　土木学会誌 第19巻第5号 昭和8年5月 P.377～379
　　　土木建築工事画報　昭和8年12月号　P.9～11
　　　国土交通省　三重河川国道事務所　資料

	伊勢大橋		尾張大橋	
	作成期間	作成者	作成期間	作成者
予算設計書	S4.11.13〜12.2	増田		
予算設計計算書	S5.2.3〜2.16	増田	S5.2.12〜2.16	増田、I.M
橋台設計計算書及び材料調書	S5.2.4〜2.15	増田、稲葉	S5.2.5〜2.17	増田、稲葉
橋脚設計計算書附材料計算書			S5.5.15〜7.18	稲葉、陣田、M.K
基礎工事設計計算書＆材料調書	S5.6.21〜7.9	増田、稲葉、陣田、M.K		
仮桟橋設計計算書並ニ鋼材表	S5.8.9〜8.12	稲葉	S5.8.12〜8.15	稲葉
鋼鈑桁橋計算書並ニ鋼材表	S5.7.29〜8.30	稲葉		
上部工事計算書	S5.5.20〜7.29	増田、稲葉、Y.O、I.M		
上部工事設計計算書・材料計算書			S5.2.26〜7.26	稲葉、I.M、M.K、陣田
変更設計計算書（第6径間）	S7.9.14〜11.2	増田、稲葉、M.J	－	－
変更設計材料調書	S7.11	M.J	－	－

出典：『アーカイブとしての土木図面に関する調査報告書』（平成20年6月）増田淳氏関係資料　設計計算書一覧表
（社）土木学会土木図書委員会

特記事項
伊勢大橋と尾張大橋の設計者はほぼ同じである
伊勢大橋と尾張大橋の設計はほぼ重複している
伊勢大橋の第6径間を設計変更している。これは、中堤への進入路と思われる。
中堤への進入路は、現橋では第7径間にある。当時の計画平面図から、中堤の法線を見直したことによるものと推測される。
作成者＝増田：増田淳　稲葉：稲葉健三　陣田、M.J：陣田稔　M.K：M.Kojima　他は不明

伊勢大橋　下部工（橋脚）

	橋脚天端高	ケーソン天端高	現況河床高	突出量[※]	ケーソン長さ	底版拡幅量	推定沈下量[※]
P1橋脚	3.70	-1.51	2.19	-3.69	23.8	1.00	1.05
P2橋脚	3.88	-1.49	0.37	-1.86	23.8	1.00	1.03
P3橋脚	4.37	-1.13	-5.47	4.34	24.7	1.20	0.67
P4橋脚	4.52	-1.09	-5.50	4.41	24.7	1.20	0.63
P5橋脚	4.36	-1.32	-5.66	4.34	23.8	1.00	0.86
P6橋脚	3.94	-1.79	0.95	-2.74	23.8	1.00	1.33
P7橋脚	3.77	-2.00	2.87	-4.87	23.8	1.00	1.54
P8橋脚	3.86	-1.91	-4.84	2.93	23.8	1.00	1.45
P9橋脚	4.02	-1.71	-7.09	5.37	23.8	1.00	1.25
P10橋脚	4.14	-1.55	-6.46	4.91	23.8	1.00	1.09
P11橋脚	4.11	-1.49	-5.97	4.48	24.7	1.20	1.03
P12橋脚	4.15	-1.35	-5.98	4.64	23.8	1.00	0.88
P13橋脚	3.90	-1.47	-5.88	4.41	23.8	1.20	1.01
P14橋脚	3.21	-2.00	2.51	-4.51	23.8	1.00	1.54

参考文献：国土交通省北勢国道事務所資料

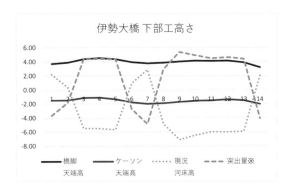

・建設時のケーソン天端高さは TP.-0.46（揖斐長良川橋梁図面より）
・この地域は、濃尾平野の地盤沈下地域にあり、東海三県地盤沈下調査会の資料による、昭和36年2月～平成29年11月までの累積地盤沈下量等量線から推測すると、伊勢大橋 A1～A2にかけて、地盤沈下量は概ね80cm～110cmである。
・橋脚の沈下は、橋梁本体の自重による圧密沈下のほか、両橋台部、及び中堤部（P6～P7間）の盛土による圧密沈下、濃尾平野全般の地盤沈下が大きな要因であると思われる。
・底版の拡幅量に1.0mと1.2mの2種類ある。これは、施工時における地盤面からのケーソンの突出量が大きく周面摩擦力が小さくなる橋脚について、底版拡幅を大きくしたと思われる。
・突出量、推定沈下量は、著者による。

③

橋梁名	揖斐長良川大橋（国道23号）
構造形式	単純平行弦下路鋼ワーレントラス　14連
橋長	1,031.9m（上り線）、1,035.1m（下り線）各14径間
幅員	車道部7.5m　歩道2.5m　（上り線、下り線）
支間長	14@72.8m（下り線の桑名寄り1径間のみ75.95m）
設計荷重	TL-20
基礎工形式	ニューマチックケーソン
発注者	日本道路公団
施工者	下部工：大本組（上り線）
開通日	暫定供用（上り線）：昭和38年2月16日、完成供用（下り線）：昭和42年2月
特記事項	【特徴】 上り線を先行して施工・供用し、その設計・施工結果を下り線の設計・施工に反映させている。そのため、上部工は外見は同じであるものの、その構造特性は大きく異なる。 【設計震度の検討】 上り線の設計震度はK h＝0.2、下り線は Kh＝0.25。 新潟地震（昭和39（1964）年6月16日）を契機に設計震度の再検討を行い、地盤振動特性調査を実施。その結果、既往の自然地盤と常時微動測定結果による推定値がほぼ同じ数値を示したことから設計震度は0.25としている。 【基礎形式の検討】 上流にある伊勢大橋、尾張大橋では30cm以上の不等沈下が認められたことから、約－40mの砂礫層を支持地盤とした。基礎形式として、ニューマチックケーソンと鋼管杭基礎を比較検討。鋼管杭は、塩害による腐食、このような深層までの施工事例が国内にないこと、水深5mでの杭打ち施工の困難性、杭頭処理の問題性、河床洗堀への対策などから、杭施工は困難と判断し、ニューマチックケーソンとした。 【ケーソンの沈下方法】 上り線はケーソンの外周に設けた空気口からエアージェットを噴出させて、シルト質粘土層とケーソン外壁との摩擦を低減し、ケーソンの自重により沈設。 下り線は、上り線から基礎中心間隔20.8m下流側に計画されており、上り線施工時に周辺地盤が攪乱され、その影響で下り線ケーソン施工時に偏心する危険があった。そのため、下り線ではケーソンの上部に沈設用荷重を載荷して沈設。なお、支持地盤上に確実に据付けるため、エアージェット設備は上り線と同じように装備しておき、最終沈設の段階では上り線と同様にエアージェットを使用し、沈設用載荷と併用した。 【下部工の施工方法】 幅約3.5mの仮桟橋を河川の横断方向に設置。ただし、漁船などの航路確保のため約70mは開けた。ケーソンの刃口据付け及びケーソン躯体のコンクリート打設として、直径約12mの築島を、八幡Ⅱ型鋼矢板で締切り設けた。 【上部工形式の検討】 1径間70m以上となることから、下路橋としてランガートラス、ゲルバートラス、ワーレントラス、上路橋として連続桁、合成箱桁、ディビダークなどを選定し、その中から経済性、架設作業の難易度を検討した結果、ワーレントラスに決定した。

特記事項	**【構造設計上の留意点】** 上り線は車道 2 車線幅7.5m で、両側に幅2.5m の歩道を設け、将来下り線が整備されたときには、下り線側の歩道を解体し、上り線に再利用する構造として整備した。そのため、上り線は将来、橋梁主構造に対して片荷重となるとなることを考慮してある程度設計荷重に余裕を持たせた。しかし、部材の一部分は相当の余裕が生じることから、最適な設計とは言えなかった。そのため、下り線では、非対称荷重となる構造系に対して、①非対称強度の構造とし、②対象剛度の構造とすることにより、経済設計を目指した。常時は自動車荷重が主流で、歩道荷重はほとんど作用せず、常時に生じる撓みや振幅は上下流で対象となる対象剛度が好ましいと考えた。具体的には、60k 高張力鋼を採用することにより、鋼材単価自体は高額になるものの、使用鋼材料を軽減することにより、トータル的には経済的になるというものである。 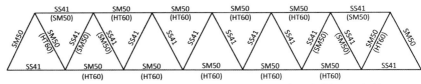 ※ 上段は上流側(歩道無し)、下段( )は下流側(歩道有り)の鋼材を示す。 なお、下流側が上流側と同じの場合は記載を省略。 **【床版設計】** 上り線では、コンクリート床版は道路橋示方書に基づいて、一方向版として設計した。しかし、このコンクリート床版に多数のクラックが橋軸直角方向（主鉄筋方向）に発生した。そのため、その原因を多方面から検討した結果、配力筋方向（橋軸方向）への発生応力の過小評価が主原因と判断した。そのため、下り線では、二方向版として設計計算することとした。 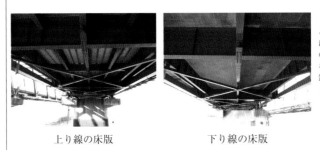 上り線の床版　　　　　下り線の床版 この 2 つの橋梁は、施工時期は 4 年ほどしか違わないものの、床版の劣化度は大きく異なる。上り線では、床版への鋼板接着や縦桁増設などにより、床版を補強している。

参考文献：「名四国道木曽川大橋・長良川大橋の設計施工の概要　寺本達郎」(「二十年のあゆみ」名四国道事務所昭和55年 3 月)
出典　　：国土交通省 三重河川国道事務所 資料
　　　　　ネクスコ中日本 名古屋支社 資料

④

橋梁名	揖斐長良川橋（東名阪自動車道）
構造形式	単純平行弦下路鋼ワーレントラス　14連
橋長	923.75m　（14径間）
幅員	8.5m × 2（上り線、下り線）
支間長	60.97 + 4 @59.696 + 72.0 + 69.24 + 6 @66.88 + 68.88m
設計荷重	TL-20
基礎工形式	ニューマチックケーソン
発注者	日本道路公団
設計者	日本技術開発
施工者	下部工：鹿島建設・銭高組 JV（工期：昭和46年9月～昭和47年9月） 上部工：宮地鐵工所・日本鋼管 JV（工期：昭和47年1月～昭和48年9月）
開通日	昭和50年10月22日
特記事項	下部工は、水管橋との併用。 耐震補強済み。

出典：ネクスコ中日本 名古屋支社 資料

⑤

橋梁名	油島大橋（県道 北方多度線）
構造形式	単純合成鋼箱桁2連 + 3径間連続鈑桁2連
橋長	499.35m　（8径間）
幅員	12.0m（車道3.0m × 2　歩道2.0m × 2）
支間長	65.0 + 3 @60.9 + 3 @60.9 + 65.0m
設計荷重	TL-20
基礎工形式	ニューマチックケーソン
発注者	岐阜県大垣土木事務所
設計者	長大橋設計センター
施工者	下部工：大成建設 上部工：横河橋梁製作所、三菱重工業
事業費	約31億6千万円
開通日	昭和58年6月29日
特記事項	上部工の架設方法は、架設地点の河川状況、施工性、安全性など諸条件を総合的に勘案し、安全で確実な工法を選定。両側の単純鋼箱桁は桟橋を設けてトラッククレーン・ベント工法を採用。3径間連続鈑桁2連は、それぞれ堤防側から送り出し工法により架設。 上下部工とも耐震補強済み。

出典：『油島大橋』油島大橋架橋促進期成同盟会（昭和58年6月29日）
　　　岐阜県 大垣土木事務所 資料

⑥

橋梁名	玉重橋（市道）
構造形式	単純鋼床版鈑桁
橋長	10.5m
幅員	9.5m（車道5.0m × 1　歩道2.0m × 2）
支間長	8.5m

設計荷重	B 活荷重
基礎工形式	場所打杭Φ2,000
発注者	桑名市
設計者	建設技術研究所
施工者	下部工：東洋建設（平成10年10月27日～平成11年8月13日） 上部工：佐藤鉄工（平成11年3月11日～平成11年11月30日）
工事費	約1億9,300万円（下部工：約9,600万円、上部工：約9,700万円）
開通日	平成11年12月
特記事項	【構造特性】 可動橋としての構造としては、昇開式、跳開式、旋回式が考えられる。玉重橋では、橋長を短くでき経済性、施工性でメリットがある昇開式を選択。昇開式では一般的に、橋台部に支柱を設けて桁を吊り上げる構造となっているが、玉重橋があるような市街地では支柱が目障りとなり景観上好ましくない。そこで、玉重橋は支柱を設けず、押上式のジャッキによる昇開式を採用。 【設計上の特徴】 ①上部工の重量を軽減し、桁の高さを低く抑えるため鋼床版鈑桁を採用。 ②可動設備は目立たなく景観に調和させるために、横荷重をジャッキ自体で抵抗できるよう太径のスピンドルを用い、昇開設備は橋台躯体内に、昇開用動力設備は桁下空間に収納。 ③構造面で風、地震などの横荷重に対する強度を確保するため、スピンドル頂部と橋体との接合部はピン構造とし、スピンドルに曲げ応力が生じないように工夫。 ④稼働時にはスピーディかつ静かに昇降するよう、ジャッキは電動モーターによるウォームギヤ方式で、昇開速度を50cm/分とし、4点支持状態での昇降時バランスを制御するため、アブソリュートエンコーダ方式の同調制御機構を設けている。 ⑤機械設備の維持管理費を低く抑えるため、維持管理はグリース交換、注油程度であり機械的にシンプルな構造であるスピンドルウォームギアを採用。点検用開口は橋面とすることでメンテナンス時に橋体を上昇させなくても作業できるようになっている。 【施工上の特徴】 施工上の課題は、4基のスピンドルジャッキを精度よく橋台に据え付けることにあった。特に3m上昇した時のスピンドルの鉛直度は、桁との取り付け構造に影響を与えることから、天端で±3mmの精度が要求された。そこで、ジャッキ設備のベースプレートに微調整冶具を予めセットしておき、据え付け精度を確保した。 施工後には、 ①横荷重を与えた状態での稼働試験 ②設計荷重の2割増による負荷試験 ③偏載荷重状態での負荷試験 ④電動モーターの同調制御機能試験 を行い、問題なく作動することを確認した。

出典：桑名市土木課 資料

⑦

橋梁名	新住吉橋船止設備歩道橋
構造形式	ステンレス製H型桁
橋長	
幅員	2.0m
支間長	8.2m
設計荷重	群集荷重　500kg/㎡
発注者	国土交通省 木曽川下流河川事務所

設計者	東京建設コンサルタント
施工者	上部工：日本車輌製造（平成15年12月9日～平成17年3月30日）
工事費	約3,600万円（上部工）
開通日	平成17年
特記事項	平常時は、遊歩道の一部として利用するとともに不法な船舶の侵入防止の役割を成す。船舶の避難が必要なとする緊急時には、油圧シリンダにより90度回転収納される。 メンテナンスが最小となるような構造、材質を目指している。

出典：国土交通省 木曽川下流河川事務所 資料

⑧

橋梁名	福吉橋（県道 水郷公園線）
構造形式	単純合成鈑桁（鋼床版）4連
橋長	150.0m
幅員	7.6m（車道：3.0m×2）
支間長	3@39.4＋29.3m
設計荷重	B活荷重
基礎工形式	場所打杭 既設Φ1,000、増設Φ1,200
発注者	三重県桑名建設事務所
設計者	床版取替等：三重県建設技術センター 橋脚耐震補強：南海カツマ
施工者	床版取替等：日本鋼管（平成6年10月27日～平成8年7月25日） 橋脚耐震補強：水谷建設（平成28年2月8日～平成30年3月12日）
工事費	床版取替等：約4億9,600万円 橋脚耐震補強：約4億3,900万円
開通日	昭和43年8月2日
特記事項	床版劣化により、RC床版から鋼床版に取替え、合わせてTL-20からB活荷重へ耐荷力の向上を図る。また、床版取替工事中に阪神淡路大震災が発生したことから、復旧仕様に合わせた落橋防止工と支承取替えを追加。 橋脚耐震補強では、門型橋脚をコンクリート増厚補強するとともに、基礎工についても増杭補強。

出典：三重県 桑名建設事務所 資料

⑨

橋梁名	大社橋（県道 菰野東員線）
構造形式	単純非合成曲線鈑桁1連＋3径間連続鈑桁1連＋単純合成鈑桁1連
橋長	196.0m （5径間）
幅員	9.75m（車道：3.0m×2、歩道：2.0m）
支間長	31.225＋40.625＋50.0＋40.625＋31.225m
設計荷重	TL-20
基礎工形式	鋼管杭Φ800、場所打杭Φ1,200
発注者	三重県桑名土木事務所
設計者	予備設計：三重県建設技術センター、詳細設計：安井構研設計
施工者	下部工：一色建設、中村工業 上部工：宮地鐵工所、宇野重工
事業費	約8億円
事業期間	平成元年度～平成4年度

開通日	平成5年3月27日
特記事項	橋詰公園：やぶさめ公園 　設計者：三重県建設技術センター（設計協力者　林建築設計事務所） 　施工者：一色建設㈱ 　事業費：約4,300万円 　面　積：540㎡ 　竣　工：平成5年10月

出典：『広報とういん』東員町（平成5年4月）
　　　三重県 桑名建設事務所 資料

⑩

橋梁名	念仏大橋（県道 四日市東員線）
構造形式	単純PC ポストテンション T 桁、拡幅部：3径間連結PC ポストテンション T 桁
橋長	210.0m　（拡幅区間：105.0m）
幅員	6.8m（車道：2.75m × 2）、拡幅部：10.0m（車道：3.0m × 3）
支間長	6 @34.3m（拡幅部：33.72 + 34.0 + 33.95m）
設計荷重	TL-14、拡幅区間：B 活荷重（A 種）
基礎工形式	鋼管杭Φ500、拡幅部：場所打ち杭Φ1200
発注者	三重県桑名建設事務所
設計者	拡幅部：オリエンタルコンサルタンツ
施工者	下部工：矢野組（昭和43年7月5日〜昭和45年3月25日） 上部工：住友建設（昭和44年12月26日〜昭和45年7月24日） 拡幅部下部工：水谷建設（いなべ市）（平成22年9月30日〜平成23年6月16日）：P1,P2 　　　　　　　三輪建設（平成23年10月14日〜平成24年6月4日）：A1 拡幅部上部工：日本ピーエス（平成27年7月1日〜平成28年7月4日）
工事費	新設：約1億3,260万円（内上部工　約6,600万円） 拡幅部下部工： 拡幅部上部工：約2億9,000万円
開通日	昭和45年7月27日
特記事項	拡幅区間の既設桁は、外ケーブルと炭素繊維シートによりB活荷重に補強。

出典：『東員町史　上巻』東員町教育委員会（平成元年3月30日）
　　　三重県 桑名建設事務所 資料

⑪

橋梁名	落合橋（国道421号）
構造形式	RC 充腹式アーチ
橋長	37.3m
幅員	10.5m（車道：3.0m × 2、歩道：2.5m）
支間長	36.0m　（アーチライズ 8.5m）
設計荷重	TL-20
基礎工形式	直接基礎
発注者	三重県桑名土木事務所
設計者	日本技術開発
事業費	約1億9,000万円
施工者	錢高組
開通日	平成6年3月

特記事項	RC 充腹式アーチ橋の特徴 ①アーチリブの両側に側壁を設け、その中に土砂を充填したコンクリートアーチ橋。 ②舗装の下が土砂であるため、路面凍結防止に有利である。 ③死荷重の割合が大きく通行車両の影響が少ないことから、部材の疲労劣化防止に対して有効である。 ④伸縮装置、支承が不要となり、維持管理費が低減される。 ⑤伸縮装置が無いため走行性に優れる。 ⑥視覚的に橋のインパクトが大きいため、周辺景観との調和に注意を要する。	

出典：三重県 桑名建設事務所 資料

⑫

橋梁名	揖斐川橋梁（関西鉄道）	木曽川橋梁（関西鉄道）
構造形式	ダブルワーレン型構桁（15連） プラット型構桁（1連）	ダブルワーレン型構桁（13連） プラット型構桁（1連）
橋　　長	3,265フィート	2,844フィート
支 間 長	15@200フィート＋120フィート	13@200フィート＋120フィート
基礎工（橋台）	24尺松杭	井筒（ケーソン）
基礎工（橋脚）	楕円形井筒　長径30フィート　短径15フィート 第3,7, 第9～15号橋脚の井筒に28本の24フィート松丸太を打設。第4,5,6 は水替不能にして施工困難。 刃口の深度：低水位以下50フィート（第15号）～85フィート（第4号）	楕円形井筒　長径30フィート　短径15フィート 刃口の深度：低水位以下37フィート（第12号）～62フィート（第7号）
設 計 者	上部工200フィートは政府の標準型 上部工120フィートは白石直治、那波光雄	同左
上部工製作	Patent Shaft and Axletree 會社（イギリス）	同左
工事担当者	那波光雄	菅村弓三
施 工 者	吉田寅松（吉田組）	鹿島岩蔵（鹿島組）
工事費 　内材料費 　内工費 　内雑費	568,555円 470,859円 　70,936円 　26,759円	471,675円 402,497円 　58,427円 　10,751円
開 通 日	明治28年11月7日	同左
特記事項	深水部用の一部井筒の下部（揖斐川橋梁第4号橋脚下部30フィート）が鉄製、他は全て煉瓦製	井筒は全て煉瓦製
	木製カーブ、鐵鈑及山形鐵の沓 井筒内に左右2個5フィート空洞　橋脚内にも左右2個4フィート平方の空洞により自重低減 カーブ・シュー、 井筒の掘削　空堀（場所によりては20フィート～30フィートまで可能な箇所が多かった）　ガットメル浚泥器及び手巻きウインチ　50フィート以下は Steam winch 木曽川は河川改修済み、揖斐川は未着手 橋梁を架設後揖斐川で施行した試錐工事で地下160フィートまで試錐しても良好な地層に到達しなかった。その後の試錐工事で、木曽川は地表面又は河底面から約185フィート～195フィート（両橋台、第4、第9橋脚）で、揖斐川は約160フィート～200フィート（両橋台、第6、第11橋脚）の地下に良好な砂利層があることが判明する。	

橋梁名	2代目揖斐川橋梁（国鉄関西線）	2代目木曽川橋梁（国鉄関西線）
構造形式	曲弦ワーレントラス	同左
橋長	不明	不明
基礎工形式	ニューマチックケーソン	同左
発注者	鉄道省	同左
施工者	下部工施工：鉄道省直轄 上部工架設：大林組	同左
工　期	昭和3（1928）年6月に下部工を完成（158日間）	大正15（1926）年10月～昭和2（1927）年6月
開通日	昭和3年10月	
特記事項	明治39年3月に鉄道国有化法が公布され、私鉄関西鉄道は明治40年10月に国有化となる。 大型機関車の運行増に伴い、橋梁の強度不足が顕著となり、大正15年の木曽川橋梁から橋梁架け替え工事に着手した。	
	木曽川新橋では鋼製部を用いた水中潜函と築島上の陸上潜函に加えて、鋼矢板締切を2橋脚に用いて経費節約を試みる。	

出典：『"Pneumatic Caisson" 工法に拠る関西線木曽川揖斐川の架橋工事計画に就て』柳生義郎
　　　　土木学会誌論説報告第14巻第4号（昭和3年8月）
　　　『東海地方の鉄道敷設史』　井戸田弘（平成14年）

国鉄関西線　揖斐川橋梁　下部工

| | 初代（工事期間：明治27年3月～明治28年）| | | | | | 2代目（工事期間：昭和2年～3年）| | |
| | 沈下量 大正13年7月観測 | | 松丸太基礎 | 井筒長 | | 備考 | 井筒長 | | 備考 |
	単位：フィート	単位：m		単位：フィート	単位：m		単位：フィート	単位：m	
東橋台	0.63	0.19	7.32m×？本	—	—		70	21.2	
第1号橋脚	0.39	0.12	—	52.255	15.9		80	24.2	
第2号橋脚	0.40	0.12	—	51.629	15.7		80	24.2	
第3号橋脚	0.59	0.18	7.32m×28本	57.588	17.6		80	24.2	
第4号橋脚	0.70	0.21	—	85.017	25.9	楕円形 9.14m×4.57m (30フィート×15フィート) ※第4号橋脚 井筒下部9.1m 鉄製	85	25.8	楕円形 13.41m×6.10m (44フィート×20フィート) 底版46cm (1.5フィート) 拡幅
第5号橋脚	0.29	0.09	—	79.809	24.3		90	27.3	
第6号橋脚	0.13	0.04	—	72.129	22.0		95	28.8	
第7号橋脚	0.13	0.04	7.32m×28本	61.878	18.9		95	28.8	
第8号橋脚	0.29	0.09	—	52.451	16.0		90	27.3	
第9号橋脚	0.85	0.26	7.32m×28本	51.48	15.7		90	27.3	
第10号橋脚	0.30	0.09	7.32m×28本	68.05	20.7		100	30.3	
第11号橋脚	0.23	0.07	7.32m×28本	63.905	19.5		95	28.8	
第12号橋脚	0.27	0.08	7.32m×28本	61.625	18.8		90	27.3	
第13号橋脚	0.30	0.09	7.32m×28本	59.8	18.2		85	25.8	
第14号橋脚	0.32	0.10	7.32m×28本	51.64	15.7		85	25.8	
第15号橋脚	0.85	0.26	7.32m×28本	50.41	15.4		85	25.8	
西橋台	5.76	1.75	7.32m×？本	—	—		50	15.2	

注：1フィート＝0.3048mにて換算

参考文献：
『軟弱ナル地盤ニ建設セラレタル橋脚橋台ノ構造ト竣工後二十五年間ノ経過ニ就キテ』那波光雄
　土木学会誌論説報告第7巻第1号（大正10年2月）
『"Pneumatic Caisson"工法に拠る関西線木曽川揖斐川の架橋工事計画に就て』柳生義郎
　土木学会誌論説報告第14巻第4号（昭和3年8月）
『揖斐川橋梁工事の新記録 黒田武定 土木学会 土木工事画報 第4巻第12号』（昭和3年12月）

137

⑬

橋梁名	明智川拱橋（めがね橋　三岐鉄道北勢線）
構造形式	3径間連続コンクリートブロック製アーチ
橋長	24.08m（3径間）
支間長	3＠7.0m
発注者	北勢鐵道
施工者	郡竹次郎
開通日	大正5年8月6日
特記事項	唯一知られている大型のコンクリートブロック製アーチ橋。 平成21（2009）年度 土木学会 選奨土木遺産

出典：『北勢線九〇年小史』西羽晃　桑員ふれあいの道協議会（2004年6月27日発行）
　　　『日本の近代化遺産　現存する重要な土木構造物2800選』土木学会土木史研究委員会（2005年）

⑭

橋梁名	六把野井水拱橋（ねじり橋　三岐鉄道北勢線）
構造形式	コンクリートブロック製アーチ
橋長	支間9.14m　斜角40°
支間長	9.14m
発注者	北勢鐵道
施工者	郡竹治郎（大正4年11月13日～大正5年7月15日）
開通日	大正5年8月6日
特記事項	現在、存在が確認されている唯一のコンクリートブロック製のねじりアーチ橋。型枠整形が不ぞろい。現存する斜拱橋のうち最大スパン9.14mであり最急斜角でもある。盾状迫石。 平成21（2009）年度 土木学会 選奨土木遺産 橋梁銘板 　専務取締役　稲垣専八　　　　主任技術者　神田喜平 　監督技手　　浦上悦治　　　　工事請負人　郡竹次郎

出典：『北勢線九〇年小史』西羽晃　桑員ふれあいの道協議会（2004年6月27日発行）
　　　『日本の近代化遺産　現存する重要な土木構造物2800選』土木学会土木史研究委員会（2005年）

⑮

橋梁名	揖斐川水管橋（三重県企業庁　北伊勢第二期工業水道）
構造形式	ランガー9連＋パイプビーム1連
橋長	574.0m　（10径間　ランガー部540m＋パイプビーム部34m）
水道管	工業用水道管2条（内径1,250㎜、ランガー管厚6㎜、パイプビーム管厚14㎜） 水道管間隔3m（中心間隔）
支間長	9＠58.6＋32.9m
基礎工形式	鋼管杭Φ600
発注者	三重県企業庁
設計者	上部工：栗本鐵工所
施工者	下部工：太平建設工業（昭和36年2月22日～昭和37年3月31日） 　　　　　建設省委託（左岸橋台着水井　昭和36年4月28日～昭和37年3月5日） 上部工：栗本鐵工所（昭和36年3月14日～昭和37年3月30日）
工事費	下部工：太平建設工業㈱　請負金額　約1億円 上部工：栗本鉄工　請負金額　約8,500万円
給水年	昭和37年5月20日
特記事項	橋脚下部工付近の洗堀防止のため、高水敷部にある橋脚底版付近には長さ5mの簡易鋼矢板を打設し、低水敷部にある橋脚には仮締切に使用した鋼矢板を水中切断して残置。 上下部工とも、耐震補強済み。

出典：『三重県企業庁二十年史』三重県企業庁（昭和57年2月27日）
　　　三重県 企業庁 北勢水道事務所　資料

⑯

橋梁名	揖斐長良川水管橋（三重県企業庁　北伊勢第四期工業用水道）
構造形式	ランガー14連＋パイプビーム2連
橋長	994.0m　（16径間）
水道管	工業用水道管2条（内径1,800㎜、ランガー管厚12㎜、パイプビーム管厚16㎜） 工業用水道管間隔3.5m（中心間隔） 水道管：内径450㎜1条
支間長	34.35＋60.3＋4＠58.8＋71.1＋68.34＋6＠66.0＋68.64＋31.95m
基礎工形式	ニューマチックケーソン
発注者	下部工：日本道路公団 上部工：三重県企業庁
施工者	上部工：栗本鐵工所（昭和47年10月20日～昭和49年5月31日）
工事費	上部工：約10億5,500万円
給水年	昭和52年3月1日
特記事項	上下部工とも耐震補強済み

出典：『企業庁30年のあゆみ』三重県企業庁（平成3年11月）
　　　三重県 企業庁 北勢水道事務所 資料

Ⅳ．川

① 宝暦治水

宝暦治水　工事概要
壱之手　濃州桑原輪中～尾州神明津輪中
　　　　（羽島市域～稲沢市西南部）

二之手　尾州梶島村～勢州田代輪中
　　　　（愛西市立田輪中～弥富市）

三之手　濃州墨俣輪中～濃州本阿弥輪中
　　　　（大垣市～海津市）

四之手　勢州金廻輪中～勢州海落口浜地蔵
　　　　（海津市～桑名市長島町）

第一期工事：毎年の修繕工事（定式普請）
　　　　　　水害復旧工事（急破普請）
第二期工事：河川の疎通を改善する新規の工事（水行普請）
　　　　　　取水や排水施設の修理工事など（圦樋普請）

宝暦治水工事区分

工事の内容（三重県内のみ記載）

No.	郡名	村名	河川名	工事内容	延長(m)
二之手 第一期工事 定式・急破（水害復旧）普請					
1	桑名	和泉新田	木曽川	堤腹付	538
				堤上置	447
2	桑名	田代新田	木曽川	蛇篭下繕	64
3	桑名	田代新田	木曽川	猿尾上置	20
4	桑名	鎌ケ池新田 霞ケ須新田 長池新田	木曽川	堤切所	125
				堤上置	1,325
				堤腹付	231
5	桑名	外平喜新田 近江島新田 田代新田 西対海地新田	木曽川	堤腹付	155
				堤上置	256

No.	郡名	村名	河川名	工事内容	延長(m)
6	桑名	加路戸新田 大新田	木曽川	堤腹付	484
				堤上置	484
7	桑名	福崎新田	海面	堤腹付	242
8	桑名	五明村 小島新田 赤須亀貝新田	木曽川	堤切所	76
				堤腹付	76
				堤上置	76
9	桑名	同上３村	海老川	堤切所	61
10	桑名	同上３村	木曽川	堤腹付	758
				堤上置	289
11	桑名	中和泉新田	海面	堤腹付	455
				堤上置	455

出典：『岐阜県治水史上巻』P.545～546
１間＝1.8181mとして換算

四之手　第一期工事　急破（水害復旧）普請

No.	郡名	村名	河川名	工事内容	延長(m)
1		金廻村・江内村油島新田	木曽川中堤	堤切所築立	447
2				堤上置	2,858
3				堤腹付	1,176
4				猿尾	45
5		上之郷村	香取川	堤切所欠所	107
6		〃	〃	堤上置	1,098
7		〃	〃	堤腹付	478
8		西福永村	香取川	堤切所築立	138
9	桑名	〃	〃	堤上置	844
10		〃	〃	堤腹付	87
11		西平賀村	香取川	堤上置	520
12		〃	〃	堤腹付	53
13		東平賀村	香取川	堤上置	1,789
14		〃	伊尾川	堤腹付	182
15		古敷村	伊尾川	堤腹付	249
16		〃	〃	堤上置	827
17		東福永村	伊尾川	堤上置	442
18		〃	〃	堤腹付	153

出典：『岐阜県治水史 上巻』P.552〜553
1間＝1.8181mとして換算

四之手　第二期工事　水行・圦樋普請

No.	群名	村名	河川名	工事内容	延長(m)	現在の市町村
1		油島新田	木曽・伊尾川	分堤	1000	海津市
2	桑名	松之木村	〃	〃	364	桑名市
3		油島新田	木曽川	古猿尾添築	127	海津市
4		〃	伊尾川	上置	127	〃
5		〃	木曽川	猿尾	91	〃
6		〃	〃	〃	45	〃
7	海西	下立田村外4ヶ村	福原川	洲浚	1,735	愛西市
8		桑名川口	〃	〃	649	桑名市
9		上坂手村	桑名川	猿尾	104	〃
10		下坂手村	〃	〃	22	〃
11		〃	〃	洲浚	396	〃
12		千倉村	〃	猿尾	27	〃
13		大島村	〃	〃	55	〃
14		今島村	〃	〃	55	〃
15		〃	〃	杭出	36	〃
16	桑名	深谷部村	〃	洲浚	541	〃
17		〃	〃	杭出	27	〃
18		大山田沢	〃	築流堤	618	〃
19		桑名城東	〃	杭出	55	〃
20		桑名猟師町	〃	〃	73	〃
21		赤須賀新田	〃	〃	145	〃
22		十万山	〃	掘割	1,389	〃
23		江内村・金廻村	木曽川	圦樋修復	7.3	海津市
24		〃	木曽川	〃	7.3	〃

出典：『岐阜県治水史 上巻』P.663〜664
1間＝1.8181mとして換算

② 木曽三川 明治河川改修概要

（1）明治改修計画流量

		揖斐川	長良川	木曽川
計画高水流量（㎥/s）	明治改修	4,170	4,170	7,350
目標流量（㎥/s）	現在の計画	5,000	8,100	16,500
	内河道整備流量	3,500	7,700	12,500
	内洪水調整流量	1,500	400	4,000

計画高水流量：何年かに一度の最大洪水流量を想定して定めた、治水計画の基本となる流量
河道整備流量：河道の整備で対応する流量
洪水調整流量：ダム等の洪水調節施設により調節する流量
目標流量　　：河川整備計画における目標とする流量

出典：P.178、「木曽川水系河川整備計画　中部地方整備局　平成27年1月変更」P.2-6
注意）出典は、特記なきものは、「木曽三川　治水百年のあゆみ　中部地方整備局　平成7年3月25日発行」

（2）明治改修工事経緯

明治16年	全施工区域の測量終了
明治17年10月	木曽川下流改修計画の立案に着手
明治19年	改修計画作成
明治20年4月	工事着手
明治33年4月22日	分流成功式
明治45年6月10日	竣工

出典：P.177、P.182

（3）明治改修工事概要

第1期	明治20～28年度	木曽川河口導水堤の築造・河口の浚渫、上流の築堤・浚渫。 大部分が木曽川筋において実施。
第2期	明治29～32年度	明治改修の骨格である、三川分流のための木曽川・長良川の背割堤（明治31年度竣工）、長良川・揖斐川の背割堤（明治31年度竣工）を実施。 明治32年2月に締切工事は全て竣工。
第3期	明治33～38年度	築堤、水制が主体。船頭平閘門（32～34年度）の竣工。 築堤工事は、揖斐川の大山田村汰上～福島、七郷輪中、太田～田鶴、福岡～安田など広範囲に施工。
第4期	明治39～44年度	揖斐川河口導水堤は明治42年度に竣工。 築堤は明治40年度に竣工。 浚渫は揖斐・長良川河口部を最後に明治43年度に竣工。 水制は揖斐川が最後となり、今尾、帆引新田、南之郷付近を明治44年度に竣工。

出典：P.181～182

（4）明治改修工事費

工種等	数量	費用（円）	国	三重県	岐阜県	愛知県
制水	63.6km（35,000間）	879,448	879,448	0	0	0
築堤	89.3km（49,120間）,1,207万㎥（200.8万立坪）	1,837,746	1,075,978	77,973	272,880	410,914
締切築堤（分水締切含む）	7.1km（3,883間）,115万㎥（19.2万立坪）	184,693	184,693	0	0	0
浚渫	1,765万㎥（293.6万立坪）	1,359,547	1,359,547	0	0	0
導水堤	土堤4.5km（2,481間）,石堤5.8km（3,166間）	479,769	479,769	0	0	0
閘門	1基	154,836	154,836	0	0	0
砂防		140,003	140,003	0	0	0
工事費計		5,036,042	4,274,274	77,973	272,880	410,914
地所買上	2,882.4ha（29,065反）	2,509,560	2,249,425	70,020	160,741	29,374
家屋其他移転	44.2ha（133,621坪）	520,585	471,981	9,405	30,068	9,131
その他		1,672,990	1,174,778	53,696	191,121	253,395
合計		9,739,178	8,170,458	211,094	654,810	702,815

出典：P.185

（5）県別用地等取得状況

	岐阜県		愛知県		三重県		合計	
	地所買上（反）	家屋その他移転（坪）	地所買上（反）	家屋その他移転（坪）	地所買上（反）	家屋その他移転（坪）	地所買上（反）	家屋その他移転（坪）
木曽川筋	2,128	17,622	6,430	24,859	3,885	13,060	12,443	55,542
長良川筋	3,767	19,086	122	1,540	3,456	16,452	7,345	37,079
揖斐川筋	6,648	24,935	0	0	2,629	16,064	9,277	41,000
合計	12,543	61,644	6,552	26,399	9,970	45,577	29,065	133,621

出典：P.211

（6）揖斐・長良川の背割堤の整備量

揖斐・長良川背割堤	延長		土量		工費（円）
	（間）	（m）	（立坪）	（㎥）	
福島～十万山	380	691	1,710	10,278	8,116
千倉～上之輪	512	931	25,166	151,261	4,747
油島～上坂手	1,245	2,264	47,818	287,411	77,300
合計	2,137	3,885	74,694	448,950	90,163

出典：P.193

（7）導水堤整備量

	土堤		石堤		工費	備考
	（間）	（m）	（間）	（m）		
木曽川導水堤	1,011	1,837	1,590	2,890	240,267	明治20年 4 月着工 明治23年10月竣工
揖斐川導水堤	1,470	2,673	1,576	2,865	252,012	明治39年11月着工 明治42年度竣工
合計	2,481	4,510	3,166	5,755	492,279	

出典：P.199

（8）木曽三川分流前後の洪水被害状況

時期 被害事項	分流前 （明治23～32年）		分流後 （明治33～42年）	
死亡者	316	人	10	人
負傷者	732	人	16	人
流出崩壊家屋	15,436	軒	314	軒
破損浸水家屋	102,481	軒	12,838	軒
流出耕地	3,277	町	928	町
農作物被害	13,522,968	円	3,179,480	円
堤防切断箇所	1,821	ヶ所	228	ヶ所
堤防切断長さ	175,813	間	8,978	間
堤防決壊箇所	8,968	ヶ所	4,779	ヶ所
堤防決壊長さ	332,047	間	124,501	間
道路の損傷	933,599	間	141,897	間
被害総額	27,792,360	円	5,810,800	円
各河川維持修繕費	2,956,863	円	1,706,205	円

出典：P.210

注意）出典は、特記なきものは「木曽三川治水百年のあゆみ　中部地方整備局　平成 7 年 3 月25日発
　　　行」である。
　　　 1 間＝1.8181m、 1 立坪＝6.0105㎥、 1 反＝991.7㎡、 1 坪＝3.3058㎡として換算している。
　　　明治改修では導流堤を導水堤として記している。

③　明治河川改修・砂防事業概要

　木曽川下流改修計画を樹てるに先立って、デ・レーケは明治11（1878）年 2 月23日から 3 月 7
日まで、木曽・長良・揖斐の各河川流域を調査した結果、同年 4 月 6 日に土木局長に対して「木
曽川下流の概説書」を提出した。その中で水害の原因を「木曽川の流送土砂が河道を埋積し河床
が上昇し堤内の排水樋門が排水できなることである」と指摘し、「山地流域の崩落土砂の流出を
抑えるための砂防工事をすること、かつ山地の取締りを厳重に励行すべきである」と力説した。
　一方内務省は、デ・レーケによる木曽川下流改修計画の調査と並行して、特に発生土砂量が多
い揖斐川下流部の養老山系で明治11（1878）年砂防工事に着手。これが木曽川流域における本格
的な砂防工事の最初のものであり、明治11（1878）年 4 月18日、揖斐川右支川肱江川の水源地
域、御衣野村地内で砂防工事を起こした。

内務省　直轄砂防工事実績（桑名郡内を抜粋）

郡	村	大字	着工日	竣工日	工費
桑名郡	古浜	御衣野	明治11年4月	明治17年6月	9,832.858
		力尾	明治12年1月	明治19年3月	6,318.271
	野代	下野代	明治12年4月	明治15年12月	2,385.051
	多度	小山	明治12年8月	明治16年1月	2,567.438
		多度	明治12年1月	明治15年11月	1,160.603
	大山田	播磨外9大字	明治13年6月	明治20年2月	11,163.457
合計					33,427.678

出典：『木曽三川百年のあゆみ』P.673〜P.675

　多度山系においては、明治11年、多度川、肱江川、大山田川流域において、山腹工を中心とした砂防工事を実施している。当時の砂防工事はデ・レーケ等による水源重視の治水観に支えられ、かつ技術的にははげ山植栽にふさわしい山腹工が主流であった。北勢地方の特徴として、山地面積のほとんどが面的に砂防指定地に編入されていることがあげられる。これはこの地方において山腹工を主体とした面的な砂防工事が行われてきたことによるものである。

明治時代の山腹工
○山腹石積
　主として山脚に施工し、山腹に幅3〜4尺の段を切込み、控1尺くらいの石で高さ3〜4尺の石垣を造り、内部に礫を詰め、これを基本として山腹法面に積苗工等を施工するもの。
○藁工
　連束藁網工の改良工法で、藁は連束せず、山の頂部もしくは勾配地全面に3尺くらいの間隔で設ける。方法は地面に筋を幅1尺、深さは6〜7寸の溝状に掘り、これに藁を詰めて土を覆い、苗木を植込むもので、必ずしも網状としないものである。
○萱工
　積苗工のように山腹に段切をして、肥料藁を置き土を詰め、片法面に萱株を1尺毎に小口を出して置き、その間は萱茎を敷き並べ高さ5寸毎に鉢巻状にして後方に土を詰める。これを数尺にして所要の高さに達せしめ、あたかも筋芝工のようにする。積苗の代わりに萱を用いる差があるだけである。
○筋工
　緩勾配の山腹に幅1尺の溝を掘り、底に藁を入れ、上に土を詰めて前端に6寸毎に萱根を植付け、上面に苗木を植込むものである。
○法切工
　明治30年ごろから採用された工法。それまでは、山骨露出の懸崖にもそのまま各種の工法を施工したが、成績が不十分であったことを考慮して採用するようになった。斜面が急でその高さが5間以下であれば1割くらいに、10間程度であれば上5間は1割、下5間は1.5割とし、15間ならば上1割、中1.5割、下は2割くらいとなるように斜面を形成する。

出典：『三重県砂防史』P.15〜P.17

V　ダム

①中里ダム

　中里ダムは、堤高46m（国内のアースダムで第7位）、堤頂長985m、堤体積297万㎥（同1位）、総貯水容量約1,640万㎥（同第6位）の規模を持つ、わが国最大級のゾーン型アースダム※である。そのためダム本体の設計には特に次のことに留意して検討した。
①ダムの主要部分の材料には、力学的にも安定性が高く量的にも豊富で、施工性に優れていることに配慮し、粘土混じり砂礫材料（米野層）を使用する。
②堤体上流斜面の捨石工は7万㎥を越える工事となるため機械施工が可能な材料、厚さとし、併せて急激な水位低下時の表層部の安定を図る。
③不透水性部とフェーシングやブランケット工との接続をなじみよくする。
④インターセプタードレーンと水平ドレーンを連結して下流法面に浸透水の浸出が無いようにするとともに、下流部法面にロック部を設けて法面の安定を高める。

　本体工事では、13台ものモータースクレーパーを中心に、ブルドーザー、ショベル系掘削機、自走式タンピングローラー、ダンプトラックなどを使用し、その各種重機械がその威力を発揮した。
※ゾーン型アースダム：主に土を用いて台形上に形成して建設したダムをアースダムと言います。
　　　　　　　　　　大規模なアースダムでは貯水した水が漏れないようにダム本体の中心部等に土質遮水壁を設ける場合があり、これをゾーン型と呼びます。

関連工事一覧表

工事件名	工事費 （千円）	工期（昭和）	工事内容	摘要
1号工事用道路	22,040	46.03.15～46.12.31	延長752m、幅員4.5m（川合地区）	三重県知事
進入道路第1期工事	23,810	46.11.26～47.03.25	延長570m、幅員6.5m （橋梁1箇所25.4m）	森組
フィルター材ストック1件工事	11,455	47.02.11～47.03.25	約20,000㎡	森組
2号工事用道路工事	19,656	46.10.25～47.03.20	延長427.6m、幅員4.5m （橋梁1箇所20m） （上相場、上之山田地区）	三重県知事
3号工事用道路工事	67,250	46.09.01～47.03.15	延長1,030m、幅員7.0m （橋梁1箇所12.84m）（鼎地区）	三重県知事
中里ダム建設工事	4,887,000	47.03.29～52.03.15		大成建設
付替県道工事	105,458	47.07.26～48.03.20	延長1,620m、幅員4.5m （県道時下野尻線）	三重農林建設
4号工事用道路工事	60,500	47.09.10～48.02.28	延長1,460m、幅員7.0m （採石運搬道路）	森組
取水ゲート製作据付工事	136,800	48.02.17～50.02.28	取水ゲート、ローラゲート5門（巻上装置、スクリーン）、放水ゲート、スライドゲート1門	酒井鉄工所
太平川河川改修工事	15,513	48.04.01～49.03.31		三重県知事
相場川河川改修工事	47,549	48.04.01～49.03.31		三重県知事
調整バルブ製作据付工事	70,200	50.11.26～52.01.31	コーンバルブ2門、バタフライバルブ2門、鋼短管2本、バイパス管2本、操作盤など	電業社
水源管理所建設工事	145,850	51.07.27～52.03.20	RC2階建、建築面積264㎡、延面積480㎡、附属建物RC平屋184㎡	大成建設
周辺整備工事	27,150	52.01.25～52.03.25		大成建設
照明配線工事	132,200	52.12.10～53.02.17		近畿電気
連絡水路改良工事	83,500	53.08.16～53.12.03	コルゲートパイプ3,000mmをコンクリート巻立て、浸透水の遮水と構造的補強、延長273m	大成建設
小放流設備製作据付工事	20,500	60.01.26～60.06.09		電業社

出典：『中里ダム工事誌』水資源開発公団三重用水建設所（平成2年3月15日発行）
　　　独立行政法人　水資源機構　三重用水管理所　HP

VI. 堰堤

①西之貝戸川 砂防堰堤群

	1号堰堤	2号堰堤	3号堰堤	4号堰堤	5号堰堤	6号堰堤	支川1号堰堤	支川2号堰堤
堤長 (m)	65.40	71.00	62.00	72.05	70.80	58.80	54.50	39.60
堤高 (m)	14.5	14.5	14.5	13.0	14.5	14.5	13.5	10.5
天幅 (m)	3.0	3.0	3.0	3.0	7.0	7.0	3.0	3.0
底幅 (m)	15.575	13.875	24.025	13.875	17.20	17.15	12.45	10.40
水通し幅 (m)	10.0	10.0	10.0	10.0	10.0	10.0	6.0	6.0
水通し上幅 (m)	12.6	12.6	12.6	12.9	14.0	14.0	8.1	9.2
水通し深さ (m)	2.6	2.6	2.6	2.9	4.0	4.0	2.1	3.2
立積 (m³)	3,726	4,558	6,675	2,716	8,375	6,632	3,208	1,906
容量 (m³)	10,490	11,490	10,070	35,950	7,320	3,380	7,780	2,635
設計者	バシフィックコンサルタンツ	バシフィックコンサルタンツ	バシフィックコンサルタンツ	バシフィックコンサルタンツ	バシフィックコンサルタンツ	バシフィックコンサルタンツ	バシフィックコンサルタンツ	バシフィックコンサルタンツ
施工者	岡興産 (嵩上) 藤田・渡辺JV	岡興産	(再築) 三輪建設	岡興産 (嵩上) 大豊・天元JV	三輪建設 出口組	三輪建設 岡興産 西出組	岡興産	輿岡健工業
工事期間	H11.3～H11.12 H14.12～H15.11	H12.9～H14.3	H11.3～H14.3 H14.11～H16.2	H12.9～H14.3 H15.1～H15.11	H17.10～H20.1	H19.7～H23.2	H12.3～H14.3	H23.5～H24.3
事業費 (千円)	174,998	130,000	198,994	268,759	604,000	1,065,000	180,000	94,315
特記	旧堤高9m 3.5m高上げ 管理型	管理型	災害により再築 管理型	旧堤高8m 3.5m高上げ 管理型	INSEM-DW 工法管理型	INSEM-DW 工法非管理型	管理型	管理型

注意
1) INSEMU-DW工法：堰堤の上下流側面に鋼鈑製の面材を配置し、それを多段に配置したタイ材で拘束するとともに（ダブルウォール）、堰堤本体の材料をコンクリートに代えて、現場で発生する土砂にセメント等を混入するもの（INSEMU）を使用する工法。現場発生土砂を利用することにより、コストを減ずることができる。
2) 特記に記載の「管理型」とは、堰堤等に堆積した土砂を除去去することを前提に設計された砂防施設のことである。

出典：三重県 桑名建設事務所 資料

西之貝戸川　砂防工事　工事執行状況（平成10年度～平成24年度）

	工事名	請負者	工期		請負額	工事内容
1	H10国補通常砂防（1号堰堤）	岡興産	平成11年 3月1日	平成11年 12月15日	81,285,000	1号堰堤
2	H10国補通常砂防（その2）（3号堰堤）	岡興産	平成11年 3月12日	平成12年 3月22日	91,140,000	3号堰堤
3	H11国補通常砂防（3号堰堤）	岡興産	平成11年 6月14日	平成12年 8月25日	147,954,000	3号堰堤
4	H11国補通常砂防（支川1号堰堤）	岡興産	平成12年 3月17日	平成12年 11月30日	68,751,000	支川1号堰堤
5	H11国補通常砂防（その2）（3号堰堤）	岡興産	平成12年 3月27日	平成13年 2月23日	78,330,000	3号堰堤
6	H12国補通常砂防（2、3号堰堤）	岡興産	平成12年 9月28日	平成14年 3月5日	151,230,450	2号堰堤、3号堰堤
7	H12国補通常砂防（支川1号堰堤、4号堰堤）	岡興産	平成12年 9月28日	平成14年 3月25日	174,349,350	支川1号堰堤、4号堰堤
8	H14国補通常砂防	ヤマサ建設	平成15年 2月19日	平成15年 11月15日	21,582,750	床固工、帯工、護床工
9	H14国補通常砂防（その2）	渡辺建設	平成15年 6月16日	平成15年 12月12日	28,503,300	護床工、4号橋下部工
10	H14国補通常砂防（その3）	岡興産	平成15年 7月30日	平成16年 3月25日	44,152,500	9号床固工、5号橋下部工
11	H14国補通常砂防（その4）	藤田組	平成15年 9月8日	平成16年 3月18日	36,084,300	2号床固工、3号床固工、帯工
12	H14災害復旧	三輪建設	平成14年 11月13日	平成16年 2月6日	226,193,100	3号堰堤復旧
13	H14災害関連緊急砂防（その1）	藤田・渡辺経常JV	平成14年 12月9日	平成15年 11月4日	174,998,250	1号堰堤嵩上工、導流堤工（1～2号堰堤間）
14	H14災害関連緊急砂防（その2）	大豊・天元経常JV	平成15年 1月6日	平成15年 11月10日	112,460,250	4号堰堤嵩上工
15	H14災害関連緊急砂防（その3）	杉山コンテック	平成15年 1月6日	平成15年 12月5日	156,298,800	導流堤工（1～4号堰堤間）
16	H15国補通常砂防（分ー2）	渡辺建設	平成15年 11月17日	平成16年 6月23日	34,291,950	1号床固工、帯工、1号橋下部工
17	H15国補通常砂防（分ー3）	三輪建設	平成16年 2月18日	平成17年 1月28日	81,897,900	7号床固工、8号床固工、帯工
18	H15国補通常砂防（分ー4）	岡興産	平成16年 4月26日	平成16年 12月1日	81,770,850	3号・4号・5号床固工
19	H15国補通常砂防（4・5号橋上部）	富士ピーエス	平成16年 2月9日	平成16年 7月20日	14,318,850	4号橋上部工、5号橋上部工
20	H15国補通常砂防（1号橋上部工）	富士ピーエス	平成16年 3月3日	平成16年 8月9日	10,918,950	1号橋上部工
21	H16国補通常砂防（その1）	藤田組	平成16年 9月17日	平成17年 7月15日	70,107,450	4号床固工、橋梁下部工
22	H16国補通常砂防（その2）	三輪建設	平成16年 9月29日	平成17年 3月28日	29,096,550	帯工、橋梁下部工

23	H16国補通常砂防（2号・3号橋上部）	ピーエス三菱	平成17年1月24日	平成17年7月12日	19,789,350	2号橋・3号橋上部工
24	H17国補通常砂防	藤田組	平成17年10月7日	平成18年4月24日	69,828,150	1号・6号床固工
25	H17国補通常砂防（特緊）（5号堰堤工）	三輪建設	平成17年10月5日	平成18年3月24日	30,996,000	5号堰堤工（試験施工）
26	H17国補通常砂防（特緊）（5号堰堤工）	三輪建設	平成18年4月6日	平成19年2月7日	164,693,550	5号堰堤工
27	H18国補通常砂防（5号堰堤）	出口組	平成19年2月13日	平成20年1月31日	80,822,700	5号堰堤副ダム、垂直壁
28	H19国補通常砂防（6号堰堤）	三輪建設	平成19年7月2日	平成20年3月21日	96,721,800	6号堰堤工
29	H20国補通常砂防（6号堰堤）	三輪建設	平成20年7月28日	平成21年3月19日	81,306,750	6号堰堤工
30	H20国補通常砂防（道路関連）（6号堰堤）	岡興産	平成21年3月27日	平成22年3月19日	102,039,000	6号堰堤工、前庭保護工
31	H22砂防激甚災害	岡興産	平成23年1月17日	平成24年3月23日	138,678,750	1号床固工
32	H22国補通常砂防（6号堰堤）	西出組	平成22年7月26日	平成23年2月14日	30,582,300	6号堰堤前庭保護工
33	H22国補通常砂防（支川2号堰堤）	奥岡建設工業	平成23年5月23日	平成24年3月30日	94,316,250	支川2号堰堤
34	H23砂防激甚災害	岡興産	平成24年2月21日	平成25年3月25日	135,306,150	2号床固工

特記）管理用道路工事、土砂撤去工事は除く。
出典：三重県 桑名建設事務所 資料

平成10年度補正にて補助事業として採択
西之貝戸川（H10～H29年度）　　　単位：百万円

災害復旧費	202
災害関連費	501
特定緊急砂防費	440
激特	325
通常砂防費	1,380
合計	2,848

②小滝川 砂防堰堤群

	1号堰堤	2号堰堤	3号堰堤	4号堰堤	遊砂地
堤長 (m)	85.0	77.0	51.1	42.5	45.0
堤高 (m)	14.5	14.5	14.5	14.5	9.5
天幅 (m)	3.0	3.0	3.0	3.0	2.3
底幅 (m)	13.3	13.9	15.3	14.6	9.9
水通し幅 (m)	23.0	23.0	18.0	18.0	10.0
水通し上幅 (m)	25.6	25.6	21.0	20.8	13.9
水通し深さ (m)	2.6	2.6	3.0	2.8	3.9
立積 (m³)	3,259	6,774	5,747	2,253	2,142
容量 (m³)	18,000	16,190	26,640	5,920	40,450
設計者	(嵩上) 国際航業	国際航業	国際航業	予備：エイトコンサルタント 詳細：ナガサワコンサルタント	国際航業
施工者	(嵩上) 西出組 (嵩上) 藤田組 (嵩上) 岡興産	森組	岡興産	岡興産 神戸製鋼所	水谷建設 出口組、西出組 伊勢土建工業 岡興産、巧建社 奥岡建設工業
工事期間	H12.3～H15.2	H13.2～H13.8	H15.2～H17.10	H17.10～H19.2	H15.4～H15.12 H23.11～H27.7
事業費 (千円)	368,098	151,902	816,200	310,000	642,000
特記	旧堤高12m 2.5m嵩上げ 管理型	鋼製スリットダム スリット：23m×3m 管理型	コンクリートスリットダム スリット：1.5m×4m＠2 管理型	鋼製スリットダム スリット：18m×10.5m 管理型	旧堤高8m 1.5m嵩上げ 3.7m掘下げ 管理型

特記）遊砂地の堰堤は下流端の本堤を示す。
※特記に記載の「管理型」とは、堰堤等に堆積した土砂を除去することを前提に設計された砂防施設のことである。
出典：三重県 桑名建設事務所 資料

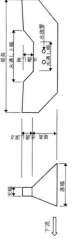

小滝川 砂防工事 工事執行状況 （平成11年度～平成27年度）

	工事名	請負者	工期	請負額	工事内容
1	H11通常砂防	藤田組	平成12年3月30日	77,000,000	1号堰堤
2	H12通常砂防	西出組	平成12年6月15日	97,500,900	1号堰堤
3	H12通常砂防（2号堰堤）	森組	平成13年8月20日	41,645,100	2号堰堤
4	H12通常砂防（1号堰堤）	藤田組	平成13年10月31日	79,905,900	1号堰堤
5	H13通常砂防	岡興産	平成14年2月22日	164,411,100	1号堰堤
6	H13災害関連緊急砂防（3号堰堤）	岡興産	平成16年3月25日	139,027,350	3号堰堤（コンクリートスリット）
7	H14災害関連緊急砂防（上流堆積工）	水谷建設（桑名市）	平成18年4月18日	68,447,400	遊砂地・上流部
8	H14災害関連緊急砂防（下流左岸）	出口組	平成15年4月18日	70,814,100	遊砂地・下流左岸側
9	H14災害関連緊急砂防（下流右岸）	西出組	平成15年5月9日	78,210,300	遊砂地・下流右岸側
10	H14災害関連緊急砂防（付替道路）	イシザキ	平成15年4月28日	24,591,050	橋台2基他
11	H14災害関連緊急砂防（拡幅橋梁）	オリエンタル白石	平成15年7月14日	9,030,000	橋梁拡幅工
12	H15通常砂防（特殊）その2	岡興産	平成17年1月31日	81,282,600	3号堰堤（コンクリートスリット）
13	H16災害復旧	三輪建設	平成17年7月29日	56,129,850	コンクリート根継工、水叩工
14	H16通常砂防（特殊）	岡興産	平成17年3月28日	74,709,600	3号堰堤（コンクリートスリット）
15	H17通常砂防（特殊）4号堰堤工	岡興産	平成18年9月14日	121,139,550	4号堰堤
16	H17通常砂防（特殊）4号堰堤工その2	神戸製鋼所	平成19年2月5日	131,658,450	4号堰堤鋼製スリット（10.5×18）
17	H23通常砂防改良（下流側）	伊勢土建工業	平成24年7月30日	161,738,850	掘削（21,800㎥）、嵩上げ（1.5m）
18	H24通常砂防改良	巧建社	平成25年3月12日	40,687,500	築堤工（1,800㎥）、付替市道工
19	H25通常砂防改良	奥岡建設工業	平成26年5月30日	68,520,600	前庭保護工
20	H26通常砂防改良（上流側）	岡興産	平成27年8月25日	147,336,840	掘削（9,600㎥）、ブロック積・張工

特記：管理用道路工事、土砂撤去工事は除く。
出典：三重県桑名建設事務所 資料

H11補正にて補助事業として採択

小滝川 （H11～H29年度）　単位：百万円

通常砂防	1,186
災害関連	627
激特	510
合計	2,623

③三国谷堰堤

堤長：	43.5m	水通幅：	10.0m
堤高：	14.5m	水通上幅：	14.6m
天幅：	3.0m	水通深：	4.6m
底幅：	14.6m	施工者：	森組

工事期間：平成2年度～平成12年度

特記：当初計画では通常のコンクリート堰堤であったが、途中でコンクリート製スリット式堰堤に変更

Ⅶ　水門

　伊勢大橋～揖斐長良川大橋間の揖斐川右岸には、４つの水門があります。これらの水門は、揖斐川高潮堤防の整備により新たに造り直されました。この水門を設計するにあたって、２つの設計思想により計画されました。まず１つ目は、堤防からの眺望を邪魔しない、水門自体を人の目に触れさせない、水門の存在を気づかれないようにしようとするもの。２つ目は、水門自体を周辺景観との調和を図ろうというものです。このように、水門として水の侵入を止めるという機能のほか、周辺景観との調和について細心の工夫が成されています。

①

水門名	住吉水門
構造形式	ライジングセクタゲート
寸法等	幅12.5m ×高さ9.05m　ゲート重量148t
発注者	国土交通省 木曽川下流河川事務所
設計者	建設技術研究所
施工者	東洋建設㈱、石川島播磨重工業
工事費	43億1,300万円
工事期間	平成10年３月17日～平成15年３月28日
特記事項	●堤防からの眺望が水門により妨げられないよう、水門本体や開閉装置が堤防から突出しない構造となっている。なお、住吉水門、川口水門、三之丸水門の水門管理所は蟠龍櫓に設けられている。 ●ライジングゲートの「ライジング」は「昇る」、「セクタ」は「扇型」の意味で、半円形のゲートが回転することにより開閉する水門である。

出典：国土交通省　木曽川下流河川事務所　資料

②

水門名	川口水門
構造形式	マイタゲート
寸法等	幅10.0m ×高さ9.05m　ゲート重量53t
発注者	国土交通省 木曽川下流河川事務所
設計者	建設技術研究所、八千代エンジニアリング
施工者	五洋建設㈱、西田鉄工
工事費	10億4,500万円
工事期間	平成12年３月11日～平成15年３月28日
特記事項	●七里の渡しの前に設置された水門であるため、開放性を重視し、平常時（水門全開時）には水門本体、開閉装置が表に出ない構造となっている。 ●マイタゲートの「マイタ」は「合掌」の意味で、左右の２枚の扉が開閉する観音開構造の水門である。

出典：国土交通省　木曽川下流河川事務所　資料

③

水門名	三之丸水門
構造形式	スイングゲート
寸法等	幅5.0m×高さ9.25m ゲート重量23t
発注者	国土交通省 木曽川下流河川事務所
設計者	建設技術研究所、セントラルコンサルタント
施工者	大豊建設㈱、豊国工業
工事費	20億7,900万円
工事期間	平成10年3月17日～平成18年3月15日（ゲートは平成17年12月15日）
特記事項	●景観を重視した、平常時（水門全開時）には水門本体、開閉装置が表に出ない構造となっている。 ●スイングゲートとは、1枚の扉で開閉する片開きドア構造の水門である。

出典：国土交通省 木曽川下流河川事務所 資料

④

水門名	赤須賀水門
構造形式	引上横転式プレートガータ構造鋼製ローラゲート
寸法等	幅10.6m×高さ9.5m ゲート重量56t
発注者	国土交通省 木曽川下流河川事務所
設計者	三井共同建設コンサルタント㈱、㈱パスコ
施工者	東洋建設㈱、㈱栗本鐵工所、昭和コンクリート工業
工事費	16億6,600万円
工事期間	平成18年3月8日～平成21年12月25日（ゲートは平成21年3月27日）
特記事項	●採貝で栄える漁港「赤須賀」の街並みは、「猫飛び横丁」と呼ばれる独自の景観を創り出している。水門の設計では、そのような街並みと隣接する複合施設「はまぐりプラザ」との融合、調和を図っている。すなわち、水門操作室は屋根形状をはまぐりプラザに合わせるとともに、水門を挟んだ向かい側のステージには水門操作室と対となるような屋根を設置している。 ●横転式ローラゲートとは、引き上げながらゲートが横転する構造の水門である。

出典：国土交通省 木曽川下流河川事務所 資料

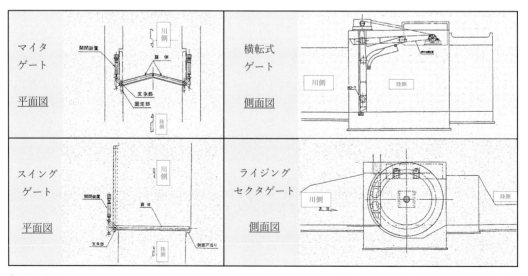

水門概要図

出典：国土交通省 木曽川下流河川事務所 資料

Ⅷ　街づくり

①

施設名	住吉入江～寺町堀～吉津屋堀（桑名城外堀線）
事業期間	平成9年度～平成16年度
工事費	住吉入江避難施設整備：約7億8,800万円 住吉入江修景整備　　：約2億2,800万円 桑名城外堀線整備　　：約6億円
工事延長	1,100m（住吉入江区間は400m）
施工者	東洋建設㈱、伊勢土建工業㈱、㈱杉山コンテック、㈱太田工務店、トチオ機器設備㈱、㈲稲垣工務店、㈲林電気商会、㈲山洋電機工業、㈱ヤマガミ
特記事項	デザインを、桑名城外堀・歴道事業デザイン検討委員会（委員長：篠原修 東京大学教授）にて検討。 【住吉入江区間】 　次の3つのコンセプトによりデザインした。 ①機能と意匠の融合 　船を係留する避難施設としての機能を十分満足させ、過度の装飾は行わず機能を反映したデザインとする。耐久性と利便性、経済性、美観などにバランスの取れたデザインに努める。 ②歴史性の中に新しいデザインを提案 　歴史重みの中にも軽快さ、楽しさを演出する。生きた街のデザインとして、歴史性の中にも新しさ、現代的な感覚を導入する。訪れた人や周囲の街並みが引き立つようなデザインに努める。 ③素材の適切な選択と使用 　現代の先端的な技術を用いながら、素材を生かし、質感豊かな暖かみのある造形・ディテールに努める。素材色、素材の質感を活かした、鋳物、レンガ、自然石、木など歴史に耐える素材を用いる。 「桑名　住吉入江」2004年土木学会デザイン賞優秀賞を受賞 受賞者 　小野寺康　（㈲小野寺康都市設計事務所） 　　水辺コンセプト発案・基本設計・修景部詳細設計（デザインとりまとめ、護岸・プロムナード 　　　等の意匠及び設計）・現場監理（デザイン監理） 　南雲勝志　（ナグモデザイン事務所） 　　防護柵・照明柱等ストリートファニチュアのデザインおよび設計・現場監理（デザイン監理） 　佐々木政雄　（㈱アトリエ74建築都市計画研究所） 　　デザイン検討体制の確立・関係機関との調整 　篠原修　（東京大学工学系研究科社会基盤学専攻教授） 　　全体取りまとめ・設計監修 　歴みち事業デザイン検討委員会 　　修景設計方針の提示およびデザイン調整 　桑名市 　　設計条件の見直し・関係機関との調整・事業主体（修景部）として事業推進 【堀区間】 　慶長の町割りから400年。旧桑名城の外堀（惣堀）跡地を歴史的、文化的ストックの保全、活用を図るとともに、隣接する商店街との共存を図りながら、桑名の歴史を感じさせる歩行空間として整備した。 　水辺空間整備では、外堀をイメージする砂岩雑割石による"はぎ積み"を行い、揖斐川から自然導水している。また、歩行空間には、ポケットパークとしての広場を要所に配置し、アメニティやコミュニティといった市民のための小空間を創出した。 　寺町堀　：車道4.0m、歩道2.0m、水路3.5m を基本構成 　　　　　　既存の桜並木、荷捌きスペースを確保 　吉津屋堀：車道4.0m、歩道2.0m、水路2.5m を基本構成 　　　　　　可能な限り広幅員の歩行空間の確保に努める

出典：『土木学会デザイン賞2004　桑名 住吉入江』土木学会 HP
　　　桑名市土木課 資料

②

施設名	城下町筋（県道 福島城南線）
事業年度	平成 6 年度～平成16年度
事業費	約 9 億円
施工延長	約600m
特記事項	工事内容 　電線地中化、歩道の修景、照明灯、荷捌スペース、歩行者案内標識、小公園など

出典：著者手持ち資料

③

施設名	諸戸水道
湧 水 量	298.5㎥/ 日（明治37年 1 月下旬測定）
集水設備	堅坑　33ヶ所 横抗（隧道）1,283m　外に試掘隧道1,166m　　高さ 2 尺 5 寸～4 尺、幅 2 尺～3 尺
貯 水 池	1 ヶ所 長さ 7 間、幅 6 間、有効深 11尺、二室 煉瓦積み周囲コンクリート打ち導流壁あり容積953㎥
貯水池上屋	1 棟　木造瓦葺、平屋建、桁行12.6間、梁行7.6間、建坪10坪 5 合
配水管（鋳鉄管）	内径　8 インチ　　2,498m 　　　6 インチ　　3,608m 　　　5 インチ　　2,186m 　　　3 インチ半　　536m 　　　3 インチ　　5,452m 　　　2 インチ　　　427m　　　　　　　合計　14.7km
放任共用栓	55ヶ所
消 火 栓	24ヶ所
供給区域	旧桑名村　旧赤須賀村　全部 旧益生村　旧大山田村　一部
諸 経 費	150,905円701 但明治37年10月末日迄の支出金にてその後の増築修繕費を合すると169,360円391　と云はれる
特記事項	明治37（1904）年　完成 大正13（1924）年　諸戸家から桑名市へ寄贈 昭和 4 （1929）年　閉鎖 昭和40（1965）年　11月24日　桑名市史跡指定（諸戸水道貯水池遺構） 平成20（2008）年　 3 月19日　三重県史跡指定（諸戸水道貯水池遺構 附 図面）

出典：諸戸水道調査報告書　平成20年 1 月　桑名市教育委員会（一部著者にて m 表記）

桑名城・七里の渡し周辺高潮堤防整備検討委員会

開催期間	平成5年1月27日～平成7年6月22日　全4回開催
委　員	高木不折 名古屋大学教授、田代順孝 千葉大学助教授、樋田清砂 三重県文化保護審議会委員、 西羽晃 桑名市文化財保護審議会委員、鈴木文高 桑名市観光協会長、 水谷良吉 桑名市自治会連合会長、三重県教育委員会文化振興課主幹、 三重県桑名土木事務所長、建設省木曽川下流工事事務所長、桑名市助役
目　的	揖斐川右岸の桑名市吉之丸地区周辺には、往時を物語る桑名城跡（県指定文化財）、七里の渡し（県指定文化財）や住吉神社、また城下町、宿場町の名残の町並み等多くの名所旧跡がある。現在も九華公園、吉之丸コミュニティーパーク、東海道沿道修景整備事業等として整備が行われている。 　建設省が実施している高潮堤防補強工事について、これらとの調和に配慮した整備に向けた提言を求めた。
結　果	A）桑名城石垣（桑名城跡（県史跡指定））～歴史的風情の保全～ ①隅櫓付近の石垣について旧観の保全に留意する。 ②新堤防は城跡（石垣）のイメージを創造する。 ③水門の操作室等を堤防天端より突出させない構造とする。 B）七里の渡し（県指定史跡）～史跡の保全～ ①史跡としての価値を存続するため、旧観の保全に努める。 ②機能、眺望に配慮し水面を確保し、堤防に必要な修景を施す。 C）旅館街～環境・眺望に配慮～ ①旅館街前の堤防については、地区全体の計画とともに、旅館として環境、眺望に考慮した修景を別途検討する。 D）住吉神社～機能の維持～ ①初日の出参拝に配慮する。 ②浦としての機能を可能な範囲で検討する。

揖斐川吉之丸地区水門設備構造検討会

開催期間	平成7年12月22日～平成8年8月22日　全3回開催
委　員	竹林征三 建設省土木研究所地質官、井上紘一 京都大学教授、田島清瀬 早稲田大学教授、 山本勝弘 早稲田大学教授、望月史郎 東京家政学院大学助教授、宮井宏 ㈳近畿建設協会理事長、 建設省河川局治水課長補佐、建設省建設経済局建設機械課長補佐、 建設省土木研究所ダム部水工水質源研究室長、同 材料施工部機械研究室長、 建設省中部地方建設局河川部河川管理課長、同道路部機械課長、同 木曽川下流工事事務所長 （顧問：中川博次 立命館大学教授）
目　的	吉之丸地区の水門改築にあたっては、景観に配慮した水門形式とすることが最も重視されている。そのため、水門のゲート構造についても、景観に配慮した高潮堤防に合わせ、城側および海側からの眺めを阻害しない構造とすることで検討した。 　検討するにあたっての前提条件は次のとおり ①水門を堤防天端から突出させないこと。 ②水門を設置することにより内水側から本川、本川から内水側の眺望がさまたげられないこと。 ③水門は河川管理施設として要求される信頼性、操作性を有すること。
結　果	川口水門 ○上下流からのアクセスを確保することで管理橋は設置しなくてよい。 ○設置場所が、七里の渡しの着岸地であり、また伊勢神宮の一の鳥居の前面にある。 　このことから、開放性を重視し、水門の構造上、全開時に水面上に障害物を残さず、また経済性で優れるマイタゲートを推奨した。 三之丸水門 ○河川管理上、管理橋が必要である。 ○管理橋が隣接して設置されることから、全開時に水路上を覆う形式であっても景観上のマイナス要因にはならない。 　このことから、最終候補としてスイングゲートと上軸フラップゲートを選定し、確実な開閉、通船の安全性確保、経済性など総合的に優れるスイングゲートを推奨した。

結　果	住吉水門
	○河川管理上、管理橋が必要である。
	○管理橋が隣接して設置されることから、全開時に水路上を覆う形式であっても景観上のマイナス要因にはならない。
	このことから、最終候補としてライジングセクタゲートとマイタゲートを選定し、自重降下が可能であり、また維持管理面、下部構造を含めた経済性で総合的に優れるライジングセクタゲートを推奨した。

揖斐川吉之丸3水門施工検討委員会

検討期間	平成9年6月27日～平成9年9月30日　全4回開催
委　員	高木不折 名古屋大学教授、鈴木徳行 名城大学教授、浅岡顕 名古屋大学教授、建設省土木研究所施工研究室長、建設省中部地方建設局河川部河川計画課長、同 河川工事課長、同 河川管理課長、同 木曽川下流工事事務所長、前田論 (財)先端建設技術センター研究第二部長以下TC委員(株)フジタ、(株)熊谷組、戸田建設(株)、三井建設(株)、東亜建設工業(株)、不動建設(株)
目　的	高潮堤防や3つの水門の実施設計にあたり、全体的に整合性のとれた合理的な仮設方法、地盤改良工法、高潮堤防の景観及び施工方法を検討した。
検討内容	①施工性を配慮した仮設工法として主な検討項目は次のとおり。・3水門の基礎構造構築に関わる仮設構造・住吉水門下水圧力管路の切り回しに関する仮設構造・川口水門航路切り回しに関わる仮設構造②地盤改良工法の検討・沈下対策、液状化対策等を目的とする地盤改良工法を検討③高潮堤防の景観検討・周辺環境に調和した景観設計の技術検討を行い、整合を図る

桑名城外堀・歴道事業デザイン検討委員会

検討期間	平成10年7月15日～平成11年2月8日　全3回開催
委　員	篠原修 東京大学教授、浅野聡 三重大学助教授、西羽晃 桑名市文化財保護審議会委員、伊藤正雄 桑名商工会議所会頭、近藤幸夫 桑名市商店街連合会長、赤塚安則 桑名市観光協会長、中山昭 精義地区自治会連合会長、建設省中部地方建設局木曽川下流工事事務所長、同 中部地方建設局企画部広域計画調査課長、三重県県土整備部都市計画課長、同 まちづくり推進課長、三重県北勢県民局桑名建設部長、三重県教育委員会文化財保護室長、桑名市助役
目　的	桑名市は三重県最北端にある、木曽三川の河口にある旧城下町であり、旧東海道の七里の渡しの宿場町として栄えた、北勢都市圏の中心都市のひとつである。桑名市の旧市街地は、揖斐川に面した桑名城を中心に形成された城下町の名残をその町割りなどに残している。桑名市では、平成8年度に都市マスタープランを策定し、新たな街づくりとしてこれら歴史的資源ストックを修復、復元等を行い、積極的に活用することが重要課題であるとした。このような状況を踏まえ、歴史的な地区におけるまちづくり、という観点から、公共空間の整備の方向性を明確化し、街路空間の整備イメージや沿道景観の在り方等について詳細な検討を行い、早期整備路線である（仮称）外堀通り線等について基本設計を行う。

検討内容	住吉入江避難施設のデザイン検討 ・船を係留する避難施設の機能を十分満足させる。 ・過度の装飾は避け、機能を反映したデザインとする。耐久性と利便性、経済性、美観、全てにバランスのとれたデザインに努める。 ・鋳物、レンガ、自然石、コンクリート、石、木……歴史に耐ええる素材を用いる。塗り物、張物は原則避け、構造からデザインする。素材色、素材の質感を活かす。 玉重橋のデザイン検討 ・橋梁本体は機能的な姿にとどめておき、塗装色には留意するが、それ以上の無理な「化粧」は基本的に行わない。 ・橋台はレンガと御影石で修景し、航路灯にもなるブラケット照明を両側壁面に設置する。 ・高欄は護岸の防護柵と調和したものとする。親柱は、内照式の鋳物で造形する。 ・歴史性とモダンのバランスを図ったデザインとする。 外堀通り線（仮称）のデザイン検討 潮入り水門の技術的検討

<h1 style="text-align:center">参考文献　資料入手元　一覧</h1>

Ⅰ．道路

　　　東海環状自動車道

　　　　国土交通省 北勢国道事務所

　　　　『東海環状自動車道』岐阜県庁 HP

Ⅱ．トンネル

　　　石榑トンネル

　　　　国土交通省　滋賀国道事務所

　　　　いなべ市

　　　　『大安町史（第一巻）』大安町教育委員会（昭和61年 3 月発行）

　　　　『大安町史（第二巻）』大安町教育委員会（平成 5 年 3 月発行）

　　　　『広報ひがしおうみ』東近江市（平成18年 7 月 1 日）

　　　　『一般国道421号石榑峠道路』国土交通省滋賀国道事務所（H16.1MC&P）

　　　　『国道421号石榑峠道路石榑トンネル工事』大林・飛島特定建設工事共同企業体

　　　　『一般国道421号石榑峠道路　道路評価』近畿地方整備局事業評価監視委員会　平成27年度第 2 回

Ⅲ．橋

　①　揖斐川橋・トゥインクル（伊勢湾岸自動車道）

　　　　ネクスコ中日本　名古屋支社

　　　　日経コンストラクション　1997 10-24、2000 11-24、2001 2-23、2002 5-24

　　　〈コラム 1 〉　～田中賞～

　　　　『田中賞　選考委員会』土木学会 HP

　②　伊勢大橋（国道 1 号）

　　　　国土交通省　北勢国道事務所、三重河川国道事務所

　　　　土木学会 土木図書館 デジタルアーカイブス

　　　　『五十年のあゆみ』編集 三重工事事務所　出版（社）中部建設協会（昭和57年 3 月）

　　　　『伊勢大橋　架設工事概要』上井兼吉　土木学会　土木建築工事画報　第10巻第 6 号（昭和 9 年 6 月）

　　　　『伊勢大橋竣工式』土木学会　道路の改良　第16巻第 6 号（昭和 9 年 6 月）

　　　　『鋼橋図面の史料性に関する調査研究部会報告書Ⅱ　現存する 7 鋼橋の図面、計算書の分析　4．伊勢大橋』

　　　　　　　　山本誠司　鋼橋技術研究会（平成20年 5 月）

　　　　『鋼橋図面の史料性に関する調査研究部会報告書Ⅱ　現存する 7 鋼橋の図面計算書の分析　3．尾張大橋』

　　　　　　　　山内隆　鋼橋技術研究会（平成20年 5 月）

　　　　『国道 1 号線　尾張大橋工事概要』愛知県（昭和 8 年12月）

　　　　『木曽川大橋新設工事概況』佐々木銑　土木学会誌 第19巻第 5 号（昭和 8 年 5 月）

　　　　『尾張大橋架設工事大要』川越篤　土木学会土木建築工事画報　第 9 巻第12号（昭和 8 年12月号）

　　　　『アーカイブとしての土木図面に関する調査報告書』土木学会土木図書館委員会（平成20年 6 月）

　　　　『橋梁設計技術者・増田淳の足跡』福井次郎　土木学会土木史研究論文集 Vol.23　2004年

　　　　『長島町誌　下巻』伊藤重信著　長島町教育委員会（昭和53年11月 3 日）

　　　　『平成29年における濃尾平野の地盤沈下の状況』東海三県地盤沈下調査会（平成30年 8 月）

　　　　『濃尾平野の地盤沈下と地下水』東海三県地盤沈下調査会（1985年 3 月）

　　　〈コラム 2 〉　～伊勢大橋の美談～

　　　　土木学会 土木図書館 デジタルアーカイブス

　　　　『三重県伊勢大橋の開通式当日の美談』土木学会 道路の改良　第16巻第 7 号（昭和 9 年 7 月）

　　　〈コラム 3 〉　～親柱～

③　揖斐長良川大橋（国道23号）

　　　国土交通省 三重河川国道事務所

　　　ネクスコ中日本　名古屋支社

　　　『名四国道　改定版』1963 建設省名四国道工事事務所

　　　『二十年のあゆみ』中部地方建設局 名四国道工事事務所（昭和55年 3 月）

　　　『五十年のあゆみ』編集 三重工事事務所　出版（社）中部建設協会（昭和57年 3 月）

④　揖斐長良川橋（東名阪自動車道）

　　　ネクスコ中日本 名古屋支社

　　　『北勢国道事務所50年のあゆみ』、『名阪国道開通50年』国土交通省 北勢国道事務所 HP

⑤　油島大橋（県道 北方多度線）

　　　岐阜県 大垣土木事務所

　　　『油島大橋』油島大橋架橋促進期成同盟会（昭和58年 6 月29日）

　　　『多度町史　民俗』多度町教育委員会（平成12年11月 1 日）

　　　『新編　立田村史　通史』立田村（平成 8 年 1 月31日）

　　　『フェスティバル KISO 100 NEWS　第14号』木曽三川治水百周年記念事業実行委員会（昭和62年11月）

⑥　玉重橋（桑名市道）

　　　桑名市 土木課

　　　『木曽三川下流地区広域観光連携協議会　視察交流会　説明資料』桑名市（平成28年 3 月11日）

　　〈コラム 4 〉　～可動橋～

⑦　福吉橋（県道 水郷公園線）

　　　三重県 桑名建設事務所

　　　『ナガシマリゾートの50年』長島観光開発㈱（平成26年11月発行）

　　　『企業庁二十年史』三重県企業庁（昭和57年 2 月27日発行）

　　　『企業庁30年の歩み』三重県企業庁（平成 3 年11月）

　　　『道路橋技術基準の変遷』藤原稔　技報堂出版（2009年 4 月 6 日）

⑧　大社橋（県道 菰野東員線）

　　　三重県 桑名建設事務所

　　　東員町

　　　猪名部神社 HP

　　　広報とういん（平成 5 年 4 月）

　　　『東員町史　上巻』東員町教育委員会（平成 1 年 3 月30日発行）

⑨　念仏大橋（県道 四日市東員線）

　　　三重県 桑名建設事務所

　　　東員町

　　　『東員町史　上巻』東員町教育委員会（平成 1 年 3 月30日発行）

　　　『念仏「大橋」「小橋」が復活』 中日新聞北勢版記事　（平成13年11月 3 日）

⑩　落合橋（国道421号）

　　　三重県 桑名建設事務所

　　〈コラム 5 〉　～あわや大惨事～

　　　『木曽川大橋の斜材の破断から見えるもの』山田健太郎　土木学会誌 vol.93 No.1 2008年 1 月号

⑪　揖斐長良川橋梁（ＪＲ関西線）

　　　土木学会 土木図書館 デジタルアーカイブス

　　　『軟弱ナル地盤ニ建設セラレタル橋脚橋台ノ構造ト竣成後二十五年間ノ経過ニ就キテ』那波光雄

　　　　　土木学会誌 論説報告第 7 巻第 1 号（大正10年 2 月）

　　　『"Pneumatic Caisson" 工法ニ拠ル関西線木曽川揖斐川の架橋工事計画ニ就テ』柳生義郎

土木学会誌 論説報告第14巻第4号（昭和3年8月）

　　『関西線木曽川橋梁ケーソン工事』加賀山学

　　　　　土木学会　土木建築工事画報　第3巻第2号、第3号、第6号（昭和2年2月、3月、6月）

　　『木曽川架橋工事にケーソン基礎を使用したる理由』

　　　　　土木学会　土木建築工事画報　第3巻第6号（昭和2年6月）

　　『揖斐川橋梁工事の新記録』黒田武定

　　　　　土木学会　土木建築工事画報　第4巻第5号（昭和3年5月）、第4巻第12号（昭和3年12月）

　　『わが国におけるニューマチックケーソン工法の歴史（その3）』平川修士

　　　　　土木学会　第9回日本土木史研究発表会論文集（1989年6月）

　　『明治時代における鉄道橋梁下部工序説』小西純一

　　　　　土木学会　土木史研究第15号審査付論文（1995年6月）

　　『東海地方の鉄道敷設史』井戸田弘（平成14年）

⑫　揖斐長良川橋梁（近鉄名古屋線）

　　『近畿日本鉄道100年のあゆみ　1910〜2010』近畿日本鉄道（平成22年12月）

　　『参宮急行電鉄軌間改築工事概報』鈴木角一郎　土木学会誌 第25巻第11号（昭和14年11月）

　　『東海地方の鉄道敷設史Ⅱ』井戸田弘（平成18年）

　　『建設中の近鉄木曽川橋梁』北山敏和氏

　　『建設中の近鉄木曽川橋梁』桑名市立中央図書館

　〈コラム6〉　〜木曽三川鉄橋の移り変わり〜

⑬　明智川拱橋（めがね橋　三岐鉄道 北勢線）

　　北勢線事業運営協議会

　　『日本の近代土木遺産　現存する重要な土木構造物2800選』土木学会土木史研究委員会（2005年）

　　『土木学会選奨土木遺産』土木学会HP

⑭　六把野井水拱橋（ねじり橋　三岐鉄道 北勢線）

　　北勢線事業運営協議会

　　『土木学会選奨土木遺産』土木学会HP

　　『日本の近代土木遺産　現存する重要な土木構造物2800選』土木学会土木史研究委員会（2005年）

　　『北勢線九〇年小史』西羽晃　桑員ふれあいの道協議会（2004年6月27日発行）

　　『桑名ふるさと検定 桑名のいろは』桑名商工会議所（2007年11月9日）

⑮　揖斐川水管橋（三重県企業庁）

　　三重県企業庁北勢水道事務所

　　『三重県企業庁　二十年史』三重県企業庁（昭和57年2月27日発行）

　　『北伊勢工業用水道』三重県企業庁HP

　　『四日市港のフォトギャラリー』四日市港管理組合HP

⑯　揖斐長良川水管橋（三重県企業庁）

　　三重県企業庁北勢水道事務所

　　『三重県企業庁　二十年史』三重県企業庁（昭和57年2月27日発行）

　　『企業庁三十年のあゆみ』三重県企業庁（平成3年11月）

　〈コラム7〉　〜橋のエトセトラ〜

　〈コラム8〉　〜どうすればできるのか？〜

Ⅳ．川

　　国土交通省 木曽川下流河川事務所

①　宝暦治水

　　『岐阜県治水史　上巻　下巻』岐阜県

『宝暦治水工事と〈聖地〉の誕生』羽賀祥二（名古屋大学附属図書館研究年報 Vol.3　2005-03-31）

『宝暦治水と明治改修』一般財団法人海津市観光情報センター（H29.10.6000）

『犠牲93人の碑 除幕』南日本新聞記事　（2004年4月26日）

『桑名ふるさと検定 桑名のいろは』桑名商工会議所（2007年11月9日）

『海蔵寺と宝暦治水薩摩義士』宝暦治水薩摩義士顕彰奉賛会

『木曽三川130th 明治改修着工　近代的治水事業と水害の歴史』国土交通省木曽川下流河川事務所

〈コラム9〉　～四刻八刻十二刻～

『木曽三川130th 明治改修着工　近代的治水事業と水害の歴史』国土交通省 木曽川下流河川事務所

『木曽三川治水の歴史と私達のふるさと』木曽川文庫 中村稔

桑名市立多度北小学校創立百周年記念講演資料（平成20年5月20日）

② 明治河川改修

土木学会 土木図書館 デジタルアーカイブス

『土木学会 選奨土木遺産 木曽川・揖斐川導流堤の解説シート』土木学会 HP

『木曽三川治水100年のあゆみ』建設省中部地方建設局（平成7年3月25日発行）

『三重県砂防史』三重県土木部砂防課（平成2年1月）

『土木学会 選奨土木遺産 木曽川・揖斐川導流堤の解説シート』土木学会 HP

〈コラム10〉　～桜堤防～

桑名市立中央図書館

『桑名ふるさと検定 桑名のいろは』桑名商工会議所（2007年11月9日）

③ 昭和以降の堤防整備

国土交通省 木曽川下流河川事務所

『木曽川水系河川整備計画　平成27年1月変更』中部地方整備局

『歴史の流れる まちづくり桑名』国土交通省 木曽川下流河川事務所・桑名市（平成25年4月）

『長島町誌　下巻』伊藤重信著　長島町教育委員会（昭和53年11月3日）

〈コラム11〉　～伊勢湾台風60年～

国土交通省 木曽川下流河川事務所

中部地区自然災害科学資料センター

桑名市立中央図書館

『いわて震災津波アーカイブ　～希望～』岩手県庁 HP

④ 魚のネドコ（員弁川支川災害復旧護岸工事）

三重県 桑名建設事務所

国土交通省 設楽ダム工事事務所

鹿野雄一九州大学准教授

〈コラム12〉　～環境との共存～

Ⅴ．ダム

① 中里ダム

『三重用水』独立行政法人 水資源機構 三重用水管理所 HP

『中里ダム工事誌』水資源開発公団三重用水建設所（平成2年3月15日発行）

〈コラム13〉　～あなたを忘れない～

独立行政法人 水資源機構 三重用水管理所

Ⅵ．堰堤

① 西之貝戸川砂防堰堤群

三重県 桑名建設事務所

　　　　　三重県 防災砂防課 HP
②　小滝川砂防堰堤群
　　　　　三重県 桑名建設事務所
　　　　　三重県 防災砂防課 HP
③　三国谷堰堤
　　　　　森氏（いなべ市藤原町在住）
　　　　　『三国谷イワメ等調査報告書　1990年10月～2005年3月』三重県（平成17年3月20日発行）
　　　　　鹿野雄一九州大学准教授

Ⅶ．水門
　　　　　国立公文書館蔵
①　住吉水門
　　　　　国土交通省 木曽川下流河川事務所
　　　　　『揖斐川吉之丸地区河川周辺整備計画検討業務委託　報告書』
　　　　　　　　　　木曽川下流河川事務所・(財)河川環境管理財団（平成12年1月）
　　　　　『揖斐川吉之丸地区水門設備構造検討会（第3回）検討会資料』
　　　　　　　　　　木曽川下流河川事務所・(社)ダム・堰施設技術協会（平成8年8月）
　　　　　『歴史の流れる　まちづくり桑名』
　　　　　　　　　　国土交通省　木曽川下流河川事務所・桑名市（平成25年4月）
②　川口水門
　　　　　国土交通省 木曽川下流河川事務所
③　三之丸水門
　　　　　国土交通省 木曽川下流河川事務所
④　赤須賀水門
　　　　　国土交通省 木曽川下流河川事務所

Ⅷ．街づくり
①　住吉入江
　　　　　桑名市土木課
　　　　　国土交通省　木曽川下流河川事務所
　　　　　『桑名城外堀・歴史事業 デザイン検討委員会　報告書』桑名市・(社)日本交通計画協会（平成11年3月）
　　　　　「桑名　住吉入江」小野寺康都市設計事務所 HP
②　寺町堀・吉津屋堀
　　　　　桑名市土木課
　　　　　国土交通省　木曽川下流河川事務所
　　　　　『身近なまちづくり支援街路事業　修景設計業務報告書』桑名市・(社)日本交通計画協会（平成12年3月）
　　　　　『まちづくり総合支援事業　桑名城外堀線広場基本計画策定業務』桑名市（平成15年2月）
③　城下町筋
　　　　　『城下町筋景観整備事業報告書』城下町筋商店街振興組合
④　諸戸水道貯水池遺構
　　　　　桑名市観光文化課
　　　　　『諸戸水道調査報告書』桑名市教育委員会（平成20年1月）
　　　　　『諸戸水道貯水池遺構 附 図面』三重県教育委員会文化財データベース

★ 私たちの街を 私たちで守りたい

鍋田川河川清掃を終えて 水辺 RING（H30.7.14）

員弁川雑木伐採を終えて（H30.11.20）

★ 未来を担う子どもたち

青川砂防ダム現場見学を終えて（H31.2.4）
（提供：三重県桑名建設事務所）

竹チップ（H31.2.14）

皆で運搬（H29.11.21）

皆で運搬（H30.11.20）

測量体験（H31.2.4）

ドローン体験（H31.2.4）

お わ り に

　10年以上前から「三重の橋　百選」を取りまとめたいと心に抱いていました。しかし、一向に資料収集が進まず、とん挫した状態が続きました。そのようななか、2年前に地元の建設事務所に異動となり、これを契機に方向転換して、管内の土木施設を取りまとめることにしました。そして、市民の皆さんにピーアールしたいことを本文に、土木技術者として後世に残したいものを資料編にまとめることにしました。

　学生のころから国語、歴史が苦手であった私にとって、このような作業は苦痛の連続であり、拙い文章となってしまいました。また、十分チェックしたつもりですが誤字、脱字、誤認も散見されるかと思います。これらにつきましては、ご指摘いただけたら嬉しく思います。

　本書を取りまとめるにあたって、伊勢新聞社の佐飛部長から何かとアドバイスをいただきました。また、多くの皆様から資料収集にご協力をいただきました。この場をお借りして深く感謝申し上げます。

　最後に、土木施設の維持管理にご尽力いただいている市民の皆様と、将来を担う学童たちの勇姿をもって終えさせていただきます。

令和元（2019）年5月31日　服部　喜幸

資料収集にご協力いただいた皆様（敬称略）

　桑名市土木課、桑名市観光文化課、桑名市立中央図書館、いなべ市交通政策課（北勢線事業運営協議会事務局）、いなべ市建設課、東員町建設課、国土交通省木曽川下流河川事務所、国土交通省北勢国道事務所、国土交通省三重河川国道事務所、国土交通省滋賀国道事務所、ネクスコ中日本名古屋支社広報・CSチーム、（独）水資源機構三重用水管理所、㈳土木学会附属土木図書館、岐阜県大垣土木事務所道路課、九州大学准教授鹿野雄一、北山敏和、森喜九郎、三重県企業庁北勢水道事務所、三重県桑名建設事務所

服部喜幸（はっとり よしゆき）

1960年桑名市多度町生まれ
桑名高等学校、信州大学土木工学科卒業
２年間の横河工事㈱勤務の後、昭和59年三重県庁入庁
下水道課長、桑名建設事務所長などを歴任の後退職
技術士、コンクリート診断士、一級土木施工管理技士
被災宅地危険度判定士
桑名ふるさと検定（上級）合格、エコ検定合格

ふる里 再発見!!
素晴らしき　くわないなべ
土木施設めぐり
令和元年(2019年) 5月31日　初版発行

著　者	服部 喜幸
発行者	小林 千三
発行所	株式会社 伊勢新聞社

〒514-0831 三重県津市本町34-6
電話 059-224-0003
振替 00850-4-2160
印刷所　藤原印刷株式会社

ISBN978-4-903816-45-6 C0025